BEYOND THE BORDERS

商汤科技　主编

電子工業出版社
Publishing House of Electronics Industry
北京 • BEIJING

内容简介

人工智能是人类首次将生物学习、分析、决策等能力赋予机器而创造的一种智能化技术。数据、算法、算力三元素的结合，使机器能够在极短时间内处理人类需要很长时间才能总结、归纳和推导出结论的各类任务，更重要的是，其不需要完全依赖人类的先验知识和专家设计。这无疑将人类探索自然、理解世界的方式引入了一个全新的界面。

本书名为《边界》，一方面希望体现人工智能是突破人类现有认知边界的颠覆性力量；另一方面意在传达人工智能作为一门“使能”技术，将不断打破各行业边界，产生较强的“活化效应”，为经济社会实现创造性增长贡献力量。人工智能潜移默化地优化人们的生活体验，而我们也迫切需要更新观念，从主观层面更好地推动人工智能发展。本书从产业界、学研界等不同视角，展开对人工智能的观察与探讨，希望能够帮助大家更深入地理解人工智能，打破思维边界。

图书在版编目（CIP）数据

边界 / 商汤科技主编. —北京：电子工业出版社，2022.7
ISBN 978-7-121-43985-8

Ⅰ. ①边… Ⅱ. ①商… Ⅲ. ①人工智能－普及读物 Ⅳ. ①TP18-49

中国版本图书馆 CIP 数据核字（2022）第 127493 号

责任编辑：李　敏　　文字编辑：冯　琦
印　　刷：中煤（北京）印务有限公司
装　　订：中煤（北京）印务有限公司
出版发行：电子工业出版社
　　　　　北京市海淀区万寿路 173 信箱　　邮编：100036
开　　本：720×1 000　1/16　印张：15.5　字数：180 千字
版　　次：2022 年 7 月第 1 版
印　　次：2022 年 9 月第 3 次印刷
定　　价：88.00 元

凡所购买电子工业出版社图书有缺损问题，请向购买书店调换。若书店售缺，请与本社发行部联系，联系及邮购电话：（010）88254888，88258888。

质量投诉请发邮件至 zlts@phei.com.cn，盗版侵权举报请发邮件至 dbqq@phei.com.cn。

本书咨询联系方式：010-88254434 或 fengq@phei.com.cn。

编 委 会

推荐序一

人工智能一词诞生在1956年举办的达特茅斯会议上，在60多年的发展过程中，人工智能经历过多次起落，如今处在一个“有作为”的阶段。2006年，深度学习技术的突破及其在计算机视觉、语音识别、自然语言处理等领域的大量应用，成为驱动人工智能发展进入“有作为”阶段的核心因素，为人工智能的发展开辟了新的路径。

人工智能是数学、神经科学、思维科学、计算机科学等碰撞出的一个交叉学科。换句话说，其技术突破的进程一定是漫长而复杂的，如果没有其他学科恰逢其时的研究收获，人工智能不可能取得今天的成就。跨学科所带来的无限可能，正是人工智能的一个显著特征，也是它与很多传统基础技术的重要区别之一。

跨学科研究在当前的社会发展进程中具有非常重要的作用。通过整合来自多个学科的概念、认识方法和研究理念，跨学科研究将绽放前所未有的科学之美。生命科学领域曾出现“Bio-X”一词，指在生物学基础上融合物理学、化学、数学、工程学等学科，力求解码生命科学更深层次的奥秘。从这个角度看，当前人工智能产业倡导的“AI+X”理念与“Bio-X”一脉相承。然而，人工智能技术的“跨学科”特点不仅源于多学科，还赋能多学科。其赋能范围非常广，几乎可以与任何非人工智能行业、学科进行融合，如制造业、零售业及材料学、医学等，人工智能通过赋予各行各业智能化能力，不断催生新的发展范式。

人工智能明显的跨学科特征要求我们在广泛应用这项技术之前建立清晰且可进化的认知。例如，对于人工智能概念本身，如果只从字面意思看，大众所理解的人工智能可能只是简单的“由人制造的智能”。我们可以考虑一个深层问题：智能是什么？从老鼠的智能、猫的智能，到人的智能、细胞的智能，我们不能小看自然界各层次的智能，它们是大自然在经过亿万年的选择、进化后，留存的能够高效应对生存问题和适应自然的智能，存在许多我们目前无法理解的奥秘。因此，跨学科研究是我们推进理解与模拟智能的重要方法。

本书很好地讨论了人工智能深层问题，书中不同领域专家的观点引人入胜、发人深省，非常有助于我们加强对人工智能的探索和实践。例如，Michael Levitt 教授的“生命的秘密”是“多样化者生存”之论，不由使人想到：当前，已经得到广泛应用的基于深度学习的人工智能，本质上是对数据的归纳和总结，还处于初级阶段，一方面这些数据全部由人类收集；另一方面人工智能还需要人类根据自己的经验（如数据标注）指导机器进行学习。因此，当我们不以人类标准圈定智能的发展时，通过那些在大自然中的、海量的、人类未曾涉猎或无法涉猎的生物数据，又能归纳和总结出怎样的人工智能呢？

由此看来，人工智能的发展必然是一个漫长而曲折的过程，需要不断重塑人类认知，也需要不断突破各种边界。

潘云鹤
中国工程院院士
浙江大学教授

推荐序二 /

人工智能是第四次工业革命的核心技术之一，在全球范围内，关于发展人工智能，很多国家都形成了高度共识，并制定了各种国家战略和政策以推进人工智能发展。中国在人工智能领域有较好的学术积累和产业基础。2017 年，国务院印发《新一代人工智能发展规划》，并陆续制定了一系列与人工智能领域相关的战略和政策，有力推动了人工智能技术和产业的发展。

人工智能是一个历史悠久的新兴科技领域，这样的描述看起来存在矛盾。“悠久”体现在人工智能概念的辨析和相关研究历经了长达半个多世纪的探索，而“新兴”则指人工智能真正落地和形成有实际价值的规模化产业应用只有十年左右。

目前，由人工智能所驱动的数字化、智能化正越来越多地渗透到人们的日常生活中，并对经济社会发展起着越来越关键的作用。人们不断感受到新技术带来的便利，但也面临技术应用中的不确定性和可能的风险。这个时期对于人工智能来说，就像青少年成长的“青春期”。因此，当前如何把握科技创新对经济社会产生的各种影响，将人文和伦理思考带入科技发展与治理过程，降低各种潜在风险，促进科技向善，变得比以往任何时候都重要。

为什么以前我们未曾感受到其他技术在中国应用的过程中对科技发展治理的强烈需求呢？

这是因为在前3次工业革命中，核心技术的产生、应用、社会认知形成等主要在发达国家先发生，中国在较晚的时期才成为技术的应用者，享受成熟的技术并借鉴采纳相关治理模式。但是，在人工智能领域，中国通过自身努力已经赶上了创新的头班车，成为这一新兴技术的开发者和领先的应用者，同时也要承担一个责任，就是要面对新兴技术在社会认知和治理范式方面带来的挑战。

《边界》一书的价值在于它细致总结了“人工智能是一门历史悠久的新兴技术”这一矛盾的前世今生，拨开了人工智能一词背后的很多含义，能够帮助我们在更幽微之处感悟这门技术的成长，了解相关从业者的经历与精神，引发大众的更多思考。

我个人也对新兴技术治理，特别是人工智能治理的生成逻辑做了一些研究。其中，首要挑战是如何使治理模式适应人工智能技术的高速发展，这将推动我们现有的治理体系和治理能力不断创新。我认为，近年提出的“敏捷治理”理念比较适合人工智能技术的治理。《边界》一书亦从企业、学术等多个角度探讨了当前对人工智能伦理准则、治理原则和治理思路的一些建议，相信将为整个人工智能行业的健康发展带来不少实际的指导意义。

期待有更多读者喜欢这本书，关注人工智能领域的发展，与本书的编者共同探讨并实践人工智能的“敏捷治理”。

薛　澜

清华大学苏世民书院院长

推荐序三 /

近年来，我非常关注人工智能（AI）领域，对 AI 的发展动态和创新应用一直抱有浓厚兴趣。除了与活跃在科技发展最前沿的科学家、工程师、创业者保持密切交流，我还阅读了大量关于人工智能的研究论文、报告和书籍。《边界》这本书非常独特。它从“认知”的角度出发，讲述了人工智能概念、技术应用，以及产业环境的发展变化过程；它集合了诸多产、学、研领域顶尖大咖的真知灼见，从多个角度加强了人们对人工智能的理解；它凝聚了中国领先人工智能企业在全新的技术产业化探索中对相关问题的见微知著。

与西方国家的人工智能发展相比，中国的人工智能研究起步较晚，在基本理论、人才培养、产业生态和基础设施等方面需要加强，但我们也有明显的优势。我们确实缺少发展人工智能的芯片及其配套生态，缺少全球数一数二的研究机构，但是近 20 年中国移动互联网的迅猛发展和数字技术在电商、社交、游戏、娱乐、金融、医疗等领域及制造业的普及，使我们积累了丰富的数据和应用场景，以及灵活、务实和充满竞争活力的创新土壤。现在，人工智能已成为国家发展战略的重要组成，有数十万名科研人员和大量企业、高校、研究机构从事着不同层次的人工智能研究、学习、开发与应用工作，每天有大量创新与突破成果诞生。

发展人工智能的目的是赋能人类，我很荣幸能够见证越来越多的中国科技企业在脚踏实地中创造价值，推动技术向更好地服务于人的方向大步前进。

当前，发展人工智能不仅要有“探索星辰大海”般的技术创新深度，还要有持续开拓行业应用的广度。在人工智能深入实现产业赋能的过程中，我们要坚持以创造价值为导向，发挥人工智能在“新体验、新增长”和“智能化转型、降本提效”两个方面的强大力量，为各行各业的发展注入新的“数字”动能。同时，我们还要坚持技术向善、以人为本，以负责任的态度推动人工智能发展，在技术研发、数据安全、场景应用等环节做好对各种伦理问题的评估和规范制定工作。

在之前的很长一段时间内，人们似乎视人工智能为“一门理想的技术”，期待马上可以拥有完美的算法和强大的算力，能够像科幻电影中那些聪明绝顶的人工智能助手一样，帮助人类完成任何事情。

也许这种期望过于理想化，但近年来随着数据的爆发式增长和计算机算力的迅速提升，人工智能的确给诸多领域带来了重大突破，推动了众多创新应用的诞生，并逐步实现了广泛落地，如机器视觉、自然语言处理、自动推荐引擎等。在这个过程中，很多有着过硬技术实力和敏锐商业洞察力的创新企业，相继从不同维度打通了技术与产业的发展路径，用 AI 赋能百业、造福社会。在这个趋势下，曾经很多定位为“人工智能企业”的公司，也随着时间的推移而渐渐转变角色。他们不再单纯聚焦于人工智能技术本身的突破，而是越来越多地将其视为先进的生产力工具，关注技术在实际产业应用的过程中所能发挥和贡献的价值。

没有悬念的是，作为智能化时代的关键技术，人工智能会成为新一轮产业革命的引擎，必将深刻影响世界经济发展、国际产业竞争格局和国家核心竞争力。得益于中国对人工智能的高度重视，以及近年来在人才培养、创业环境与文化建设、机器训练所需的大规模数据采集和分享、VC/私人股权投资和资本市场培育等方面的综合进展，中国已经基本具备了实现 AI 爆发式增长的条件，有望实现 AI 技术开发与运用的关键突破，激发相关产业发展的巨大潜力。

但是，我们也应该清醒地看到，人工智能是国际科技竞争的重要领域。人工智能的竞争，归根结底是人才、资本和创新环境的竞争。产、研、学和投资界应该齐心协力，充分发挥中国在人工智能领域的优势，努力消除羁绊其发展的绳索，使中国成为人工智能领域的全球领军者，推动人类社会快速、顺利地迈入人工智能时代，引领更美好的未来。

胡祖六

春华资本集团主席

香港中文大学兼职教授

前言

近年来，人工智能相关技术及行业发展风起云涌，吸引了社会各界的广泛关注。很多国家、地区都将人工智能视为能够主导未来竞争格局的战略性技术。政府和企业积极推动各行业实现数字化、智能化转型，将人工智能引发的生产力创新作为新经济增长动力；而大众则越发期待人工智能能够将科幻电影、小说中所描绘的美好图景变成现实，改写人类未来。简而言之，近十年，发展人工智能已经在人类社会层面形成了广泛的认知共识。

一个普遍的观点是，首次明确提出人工智能的概念，是在1956年举办的达特茅斯会议上，但是会议并没有就人工智能的具体定义达成清晰统一的定论。60多年后的今天，关于这门技术的定义、范畴和发展方向，仍然众说纷纭。

人工智能的本质是什么？人工智能拥有怎样独特的新技术产业特征？发展人工智能需要解决哪些问题和挑战？本书从这些大众长久思索的问题出发，从产业界、学研界等不同视角，展开对人工智能的观察与探讨，希望能够帮助大家更深入地理解和认知这门技术，认识其创新价值，了解其蕴含的巨大能量，从而更新思维和观念，在更大的群体范围内形成决策合力，更好地推动人工智能持续发展。

人工智能是人类诞生以来首次将生物学习、分析、决策等能力赋予机器而诞生的智能化技术。数据、算法、算力三元素的结合，使机器能够在极短时间内处理人类需要很长时间才能总结、归纳和推导出结论的各种任务，更重要的是，其不需要完全依赖人类的先验知识和专家设计。这无疑把人类探索自然、理解世界的方式，引入了一个全新的界面。因此，《边界》一方面希望体现出人工智能是突破人类现有认知边界的颠覆性力量；另一方面意在传达人工智能作为一门“使能”技术将打破各行业的边界，产生较强的“活化效应”，为经济社会实现创造性增长贡献力量。

《边界》是商汤科技主编的人工智能书籍。作为一家人工智能企业，商汤科技以“坚持原创，让 AI 引领人类进步”为使命，致力于通过人工智能的前沿研究和产业赋能，推动经济、社会和人类创新发展。本书整理了近年来在商汤科技举办的人工智能相关论坛及峰会上全球知名专家和业界权威学者分享的各种珍贵的思想框架和深刻洞察，以记录人工智能不断突破边界的过程。这些专家包括中央美术学院实验艺术学院院长邱志杰教授，商汤科技联合创始人、首席执行官徐立博士，时任阿里巴巴集团副总裁郭继军先生，中国医师协会放射医师分会会长、中国医学装备人工智能联盟副理事长金征宇教授，华为公司董事、战略研究院院长徐文伟先生，香港交易所董事总经理兼首席中国经济学家巴曙松教授，微软亚洲研究院副院长张益肇博士，上海汽车集团股份有限公司副总裁、总工程师祖似杰先生，时任高通高级副总裁Keith Kressin先生，麻省理工学院名誉校长Eric Grimson教授，中国工程院院士、同济大学校长陈杰教授，中国科学院院士、深圳大学校长毛军发教授，诺贝尔化学奖得主Michael Levitt教授，浙江大学上海高等研究院常务副院长、浙江大学人工智能研究所所长吴飞教授，芝加哥大学社会学教授、知识实验室主任James Evans，卡内基梅隆大学讲席教授、美国工程院院士Takeo Kanade，北京大学国家发展研究院教授张维迎，商汤科技创始人、香港中文大学信息工程系教授汤晓鸥，阿联酋人工智能、数字经济和远程办公应用国务部长H. E. Omar Sultan Al Olama先生，新加坡通商中国主席、原新加坡贸易与工业部兼国家发展部高级政务部长李奕贤先生，清华大学苏世民书院院长薛澜教授，希望为读者引入更多观察视角。

此外，本书还获得了全球高校人工智能学术联盟（上海盖亚人工智能高校学术发展中心）和人工智能算力产业生态联盟的大力支持，在此特别感谢。

本书主要内容如下。第1章从电影中所表达的人工智能出发，通过回顾一百年来大众对人工智能的认知演化，揭示这个技术概念的发展渊源，以及其如何引发生产力变革；第 2 章围绕现代人工智能在使能千行百业的过程中涉及的新基础设施、新发展思维、新生态等各种新问题展开探讨；第 3 章剖析独特的人工智能产学研一体化价值，并重新审视人工智能时代“人才”的定义及智能思维的培养方式；第 4 章放眼人工智能的新时代，展望技术发展未来，探讨如何构建合适的人工智能治理体系，以推动可持续发展。

最后，希望本书能够帮助广大读者更好地了解人工智能，认识这门技术的过去、现在与未来。当然，也希望能够为致力于推动人工智能发展的各方有志之士带来更多参考与启发，助力社会和经济发展取得更大进步。

编 者

2022 年 7 月

目录 /

01 Chapter 人工智能，冲破想象力边界

人工智能，扩展人类“视界”

01

Chapter

人工智能，冲破想象力边界

1.1 从电影中“一路走来”的人工智能

2000多年前，相传著于战国时期的《列子·汤问》中记载了“偃师造人”的故事。领其颅，则歌合律；捧其手，则舞应节。千变万化，惟意所适。王以为实人也，与盛姬内御并观之。故事以当时的科学技术发展为现实基础，对人的手工制造技艺加以大胆而奇特的想象，“偃师造人”被后世视为中国最早的科幻作品。

诚然，人类文明的发展与进步，一直伴随着对自然的认知和改造。在这个过程中，人类将其特有的想象力与自然现实融合，从中抽象出规律、引申为定理、融会成知识、积累为技术，进而发展为统一的成长共识。这种共识，能够使来自不同地域、拥有不同文化的人有效协作，从而改变人类的合作及生产方式。

进入工业时代，这样的共同认知和想象随着科学技术的应用和突破而更加明显、更加大同，也带动人类对自然的想象力、改造力不断冲击新高度。

19 世纪初期，蒸汽动力在纺织业、交通业的创新应用不断刷新人们的观念，直接促使部分西方国家形成了对蒸汽动力所拥有的重要能力的统一认知。自此，一种未曾出现过的工业生产创新组织形式——“工厂”快速流行起来，承接了当时人们对大工业时代的想象，在第一次工业革命的深刻变革中扮演了重要角色。

当人们还没有适应科技发展的高“刷新率”时，第二次工业革命接踵而至。19 世纪中后期，电灯、电话、电影放映机等“高科技产品”纷纷出现，使人们获得了更美好的生活体验。人们开始享受黑夜的“光明”，体验远距离语音交流。“新奇”与“先进”迅速成为当时社会对工业、电力的主流认知，人类改造自然的想象空间彻底打开。

这些基于科技新事物形成的普遍共识和美好想象，进一步推动了不同国家之间的技术传播与交流，推动了科学技术的快速迭代和持续进步。

与此同时，承载人类想象力的工具也变得越来越丰富。特别是电影这种“银幕艺术”的诞生和风靡全球，使原本无形且复杂的人类想象，可以被转化为具象的感官体验，加速了大众对各类新鲜事物探知欲的生长。电影大大强化了人们对新技术的感知和理解，灵感与创造也从中受益，变得更易沟通和共享。

很多人初次了解人工智能可能都通过电影。1927 年，第一部描绘了人工智能概念的科幻电影《大都会》（*Metropolis*）上映，在此后的 90 多年中，关于人工智能的影视作品不断推陈出新，各类人工智能形态和观念也随着人工智能技术的更迭而不断刷新公众认知，更新人们对人工智能的态度和期待。

作为对未来的想象和预言投影，电影中的科技场景与设定不断被科学家、企业家变为现实。人工智能技术创新也反作用于影视创作，一次又一次点燃艺术家的灵感……

对于大众而言，电影具有非常重要的科普作用。这种艺术形式促进了不同时代的人形成人工智能认知，并使人们的想象力越来越丰富。

半个多世纪以来，人类在神经网络、专家系统、计算机科学、大数据等诸多领域持续探索努力，人工智能的发展也历经起伏。如今的人工智能，早已不是银幕上难以企及的科学幻想，而是成了银幕外的商业现实。一路走来，人们关于人工智能的想象和认知经历了怎样的变化？下面从人工智能电影等艺术作品中窥斑见豹。

生于“咆哮的 20 年代”，机器人概念在艺术中首现

20 世纪 20 年代，西方世界经历了一个经济持续繁荣的十年，被称为“咆哮的 20 年代”（Roaring Twenties）。第一次世界大战结束后，全球经济百废待兴，大量军工技术和生产转为民用，前所未有的工业化浪潮叠加战后建设，形成了旺盛的消费需求，经济快速增长，大量新兴科技型消费品开始进入中产家庭，大众的生活方式发生了翻天覆地的变化。在这个基础上，艺术与文化活力也达到空前高度。

在这个阶段，有两部意义深远的科幻艺术作品闪耀着光芒，启蒙并深刻影响了大众对机器智能的认知，也为后世科学与艺术的发展带来了很多灵感。

1921 年，捷克作家卡雷尔·恰佩克（Karel Čapek）发表作品《罗素姆万能机器人》（*Rossum's Universal Robots*），首次使用“Robota”一词（源于捷克语，意为“苦力”）表述剧中被人类研制出来充当劳动力的智能人造人。随着该剧在欧洲引起轰动，Robota 被欧洲各国语言吸收而进一步演化为 Robot（意为“机器人”），成为世界性名词并延续至今。

1927 年，电影作为一种“现代性”娱乐形式已获得了大规模

发展，对公众的影响力日渐提高，由弗里茨·朗（Fritz Lang）执导的科幻电影《大都会》（*Metropolis*）在德国柏林首映，成为电影史上第一部关于智能机器人的电影。该电影表达了艺术家对百年后人类世界的想象：2026 年，科学家依照地下城美丽女子玛利亚的模样制造出机器人，它以难分真假的类人面貌出现，引起了一系列变故。《大都会》诞生至今，其诸多创意仍被后世很多科幻电影借鉴。2001 年，这部跨越了近一个世纪的时代幻想影片被联合国教科文组织列为世界文献遗产。

2010 年 2 月，在德国首都柏林勃兰登堡门露天播放的

电影《大都会》全新修复版

在没有科学理论加持的年代，早期的智能体科幻艺术作品，大多只能依靠艺术家纯粹的想象来构建。但是，人类的想象力远超时代，无论是 Robota 这种由有机物合成的“有时与人类相似的机械装置”，还是玛利亚这类在外观上已鲜明体现由金属制成和机械化的智能机器人，都试图证明不只“神”能造物。他们被想象和生产出来的目的非常明确和一致——以高度类人的形态和能力，代替人类完成繁重劳动。

人工智能初印象：期待而疑虑

在经历了大萧条和第二次世界大战的肆虐后，20 世纪 50 年代中后期，全球经济终于进入了一个相对稳定的恢复期，前沿科学探索空前蓬勃，影响全人类的重大科研成果频频出现。但同时，科技的竞争也在一定程度上加重了冷战的阴霾，使人们倍感忧虑。

1950 年，艾伦·图灵（Alan Turing）提出了著名的图灵测试，首次从行为的角度对“智能”做出了清晰定义，正式拉开“思考的机器”的发展序幕。1956 年，在达特茅斯学院，包含约翰·麦卡锡（John McCarthy）在内的一批科学家共同举办了人工智能夏季研讨会（Summer Research Project on Artificial Intelligence），“人工智能”的概念首次明确出现在公众面前。1958 年，现代集成电路的原型由杰克·基尔比（Jack Kilby）和罗伯特·诺伊斯（Robert Noyce）发明，为人工智能的“物理容器”——芯片和算力的发展奠定了基石。

这个时期，随着计算机科学迅速发展的，还有原子能、新材料，以及航空航天技术等。1957 年，世界上第一颗人造卫星由苏联发射升空，开辟了人类的航天时代；1961 年，苏联宇航员尤里·阿列克谢耶维奇·加加林乘坐宇宙飞船实现了人类的第一次太空遨游；1969 年，美国的阿波罗 11 号宇宙飞船首次将人类送上月球。

巨大的震撼和无限遐想如洪水一般，将人类快速带入一个新的思维空间，也激发了人类对探索地外空间的更大热情和想象，人工智能顺其自然地成为人们深入探索宇宙空间的最佳工具和助手。

但是，这位助手真的可靠吗？

1968 年，由斯坦利·库布里克（Stanley Kubrick）执导的电影《2001 太空漫游》（*2001: A Space Odyssey*）上映，成为当年北美的票房冠军。电影中控制太空船的超级计算机 HAL9000 塑造了一代人对人工智能的初印象：它没有人类的外表，却具有语义识别、人脸识别、唇语识别、情感识别、自主推理、艺术鉴赏和下国际象棋等功能，还能通过一个红点传达自己的“情绪”和“自主意志”。在电影中，HAL9000 使人类的星际旅行成为可能，它会忠实勤恳地为宇航员提供服务，但也会依据人类设置的目标冷酷地执行机器逻辑，最后不惜为实现任务目标而除掉人类。

这部电影在一定程度上反映了当时人们对人工智能充满期待但又难以信任的矛盾心态。电影中的超级计算机是人类创造的工具，却逐渐摆脱人类控制，深层次体现了作为工具的人工智能必然会脱离大多数人的理解。作为能够模拟大部分人性的超级计算机，HAL9000 的“暴走”正是因为它有太多人类的特点，在本质上还是人的直接复制，这在一定程度上也反映了当时的人们关于人工智能的思考和想象的局限。

“科技失控”焦虑升级

在经历百花齐放的新鲜探索期后，20 世纪 70 年代，人工智能研究进入了一个相对平缓的阶段。

20 世纪 50 年代，很多研究者将主要精力聚焦于探索神经科学、信息论及控制论等，如著名的弗兰克·罗森布拉特（Frank Rosenblatt）发明了“感知机”人工神经网络模型；20 世纪 60 年代，随着计算机硬件的发展，符号方法的应用使在小型证明程序上模拟高级思维有了突破性进展，进而推动专家系统的开发；20世纪70年代初期，虽然大容量内存计算机已经出现，但人们清晰地看到符号系统只能解决特定的单点问题，许多在人类看来极为简单的任务，对于人工智能程序来说，却需要大量的认知信息，且计算复杂度极高。人们开始对人工智能的发展前景失去信心。

随着20世纪70年代中期资本主义经济危机的爆发，“对现实的焦虑”和“对工作岗位的渴望”成为20世纪70年代后期西方社会的主要思潮。人们越发反思前沿技术给社会带来的挑战，这种对科技的焦虑情绪弥漫于整个20世纪70年代。

1973年，迈克尔·克莱顿（Michael Crichton）自编自导的科幻电影《西部世界》（*Westworld*）上映，该电影开创了“科技失控”题材影视的先河。在这部电影中，西部世界是全球最前沿的黑科技主题乐园，乐园中的主角高仿人形机器人，从供人类消遣娱乐的工具变成了因程序演进而失控的武器，《西部世界》仿佛一则黑色寓言警醒世人。

1975年，在电影《复制娇妻》（*The Stepford Wives*）中，象征着爱与温情的美丽“娇妻”，被改造成半人半机器的复制品。这部电影探讨了对“完美”与“人性”的取舍，表达了人们向往科技伊甸园背后的隐忧。

然而，在一片担忧情绪中也有例外，身为一名“科技乐观主义者”，乔治 • 卢卡斯（George Lucas）于 1977 年打造了电影《星球大战》，又名《星球大战 4：新希望》（*Star Wars Episode IV: A New Hope*），成功塑造了 R2-D2 和 C-3PO 两个忠诚的人工智能机器人伙伴的形象。

总的来说，20 世纪 70 年代科幻电影所探讨的主题，更多关于人类应该如何与人工智能相处。在技术局限性显现、创新无法落地、无法真正影响大众生活的情况下，人们对人工智能的认知更多停留于概念和对人与人工智能关系的想象中，电影中人工智能的形态内核并没有随时间的推移而进步。

是终结者还是守护者

随着“冷战格局”的逐渐瓦解，经济发展取代了军事竞争，成为新的主流话题。西方的工业发达国家相继走出经济停滞期，进入了第二次世界大战后持续时间最长的一段经济发展期，中国也在 20 世纪 70 年代正式开启了宏伟的改革开放。

经济全球化浪潮开启，加速了科技的全球扩张，典型代表是计算机开始从工业应用走入家庭，渐渐成为大众消费品。进入 20 世纪 90 年代，互联网及其应用的迅速发展，从时间和空间上进一步缩短了地球村中人与人的距离，数据生产也进入一个全新的时代。

经过数年的发展，人们逐渐意识到，人类已难以离开计算机。而作为计算机科学的一个分支，人工智能顺势成为不可逆的趋势。如何让这门技术更好地服务人类，成为当时极具建设性的思考方向。

1980 年，由卡内基梅隆大学研发的 XCON 程序使专家系统一举成名，为美国数字设备公司的销售系统节约数千万美元的成本，带来了巨大的商业价值；1986 年，反向传播（Back Propagation，BP）算法为人工神经网络带来突破，这种多层前馈网络使真正能够应用的人工神经网络模型有了长足发展。时间来到 1997 年，人工智能发展史上迎来一个里程碑事件，IBM 公司开发的超级计算机“深蓝”以专用芯片和专用系统，使用百年来优秀棋手的数百万局对弈数据，以 3 平 2 胜 1 负的战绩击败当时的国际象棋世界冠军加里·卡斯帕罗夫，计算机首次在国际象棋领域战胜人类顶级专家。

计算机和互联网技术的加速渗透，以及人工智能应用的突破，使得人们在银幕上关于人工智能的讨论达到新深度。20 世纪 80 年代起，人工智能题材影视作品的类型化成为常态，并呈现明显的两极分化观点：一些人认为人工智能是巨大的威胁，另一些人则认为人工智能是人类的未来和守护者。

1982 年，美剧《霹雳游侠》（*Knight Rider*）首播，剧中人工智能首次以大众能接触到的现实形态出现，智能跑车协助男主人公打击犯罪活动，成为正义的化身。智能跑车 KITT 及其原型庞蒂亚克“三代火鸟”也成为时代的经典记忆。

人工智能到底是人类的朋友，还是冷血的机器杀手？

1984 年，电影《终结者》（*The Terminator*）上映，首次提出“人类未来的命运可能被人工智能掌控”的假想，“天网”和随之生产出来的终结者机器人，表现出人类对强大科技的强烈畏惧。1987 年，中国人工智能题材科幻电影《错位》也阐述了类似问题，并以工程师赵书信亲手毁灭自己制造的智能机器人替身为结局。

20 世纪 90 年代，随着与科技相关的消费更加触手可及，科技产品也将更多便利和有温度的关怀带给人们。电影中的人工智能“转换面貌”，成为人类的朋友并进入家庭，不但在各方面成为人类的助手，而且有情有义。同样是“终结者”系列，在 1991 年上映的电影《终结者 2：审判日》（*Terminator 2: Judgment Day*）中，杀人机器“终结者”摇身一变，成为“亦父亦友”的人工智能守护者。在此后上映的电影《机器人老爸》（*And You Thought Your Parents Were Weird*）和电影《机器管家》（*Bicentennial Man*）中，也延续了温情主题。

情感、意识与道德，“有血有肉”的人工智能

进入 21 世纪，随着对人工智能研究的深入，人们发现人工智能理论的研究方向和学派虽然各有不同，但都存在很多无法解决的问题，大一统的人工智能理论在当下根本无法实现，大部分研究者转而开始关注解决具体问题，涵盖图像识别、自然语言理解、自动定理证明、语音识别、自动驾驶等领域。人工智能的实际应用研究破土而出。

2006 年，“深度学习之父”、加拿大多伦多大学教授杰弗里·辛顿（Geoffrey Hinton）和他的学生提出降维和逐层预训练的方法，推动了深度学习在具体应用上的进步；2007 年，时任美国普林斯顿大学计算机科学系助理教授的李飞飞及其团队正式启动了 ImageNet 大型视觉数据库项目，用于视觉目标识别算法的研究；2009 年，美国康奈尔大学教授胡迪·利普森（Hod Lipson）和他的学生研发了 Eureqa 计算机程序，该程序只用数十小时的计算就推出了牛顿花费多年研究发现的力学公式，为科学数据研究提供了新的思路。

与人工智能务实发展形成鲜明对比的是，2000 年后互联网飞速发展，信息技术与电子媒介所催生的网络文化使人类的创意更

加天马行空。人们对人工智能的想象开始在形态上有了更多变化，人工智能影视作品在人文关怀与情感内涵上也开始大量释放，人机关系被赋予更多维度。

2001 年，由史蒂芬·斯皮尔伯格（Steven Spielberg）执导的科幻电影《人工智能》（*A.I. Artificial Intelligence*），以“赋予人工智能情感”为主题，对机器的自我意识、情感与伦理进行了深度讨论，表达了对未来人类最终可以理解和予爱于人工智能的期待；2004 年，电影《我，机器人》（*I, Robot*）上映，从信任的角度描绘了人与智能机器人的相处；2005 年，电影《绝密飞行》（*Stealth*）上映，以人工智能战机“艾迪”的牺牲实现了科技的人性升华。

2008 年，在开启银幕“超级英雄时代”的漫威电影《钢铁侠》（*Iron Man*）中的人工智能管家贾维斯的形象，无疑更贴近人类“日常”，作为托尼·斯塔克的虚拟助手，贾维斯不仅能与他礼貌交谈，还能偶尔调侃其创造者的轻率与傲慢。时至今日，我们在众多现实中的人工智能语音助手产品中，也会偶尔看到贾维斯的影子。

当突破来临时，人工智能幻想逐渐清晰

2018 年，因在人工智能领域的开创性工作和突出成就，杰弗里•辛顿（Geoffrey Hinton）、杨立昆（Yann LeCun）、约书亚 • 本吉奥（Yoshua Bengio）3 位科学家共同获得计算机领域的国际最高奖项——图灵奖。

2010—2020 年，深度学习将人工智能发展带入了新高度。通过大幅提高计算机的学习、分析和识别能力，深度神经网络使语音识别、自然语言处理和计算机视觉等领域长期存在的问题取得了实质性突破。2009—2012 年，杰弗里 • 辛顿教授与当时微软雷蒙德研究院的邓力博士展开合作，首次将深度神经网络应用于大规模语音识别领域，研发商用的语音识别和翻译系统，其成果使大规模语音识别系统的错误率大幅降低，从根本上改变了语音识别在工业界的应用方式。

2016 年，微软将语音识别系统的错误率降至 5.9%，达到了人类专业速记员的水平。同时，中国的科大讯飞、百度等科技企业迅速将深度神经网络应用于商用系统，在汉语识别领域取得了大量突出成就。

在计算机视觉领域，2012 年，杰弗里•辛顿教授团队通过卷

积神经网络 AlexNet，在国际图像识别大赛 ILSVRC（ImageNet Large Scale Visual Recognition Challenge）中一举夺魁，其计算机图像识别准确率达 85%。两年后，香港中文大学多媒体实验室的汤晓鸥教授团队，以中国原创的深度学习人脸识别算法 DeepID，在 LFW 数据集人脸识别比赛中取得高达 98.52%的识别准确率，实现首次在相同数据集上对人眼识别准确率 97.52%的超越。

人工智能真正引起全民关注的时间，是 2016—2017 年，由 DeepMind 开发的 AlphaGo 围棋人工智能程序与李世石、柯洁等顶尖围棋世界冠军的人机大战，以 AlphaGo 的压倒性优势，向人们展示了基于神经网络训练的人工智能在专业领域的强大能力。

在这个时期，一系列深度学习的研究取得了诸多工业应用上的进展，深度学习也逐渐成为谷歌、Facebook、亚马逊、阿里巴巴等互联网巨头仰赖的核心技术，并出现了 Mobileye、商汤科技等一大批人工智能垂直型科技企业，人工智能终于迈入了实用化发展的时代。

如今，人们使用智能手机就可以实实在在地体验自然语言处理和计算机视觉等方面的创新进步，这在十年前根本无法想象。在城市、汽车、医疗、零售、金融等方面，人工智能也开始走入人们的日常生活。

与此同时，如果一项技术应用对人类活动的参与越广、越复杂，其对自然和社会的影响就越深刻。基于深度学习的人工智能主要根据现实世界的各种数据进行学习训练，数据中隐含的道德、伦理问题也可能被增强和放大，而且人们没有办法了解深度学习“黑箱”做出判断的逻辑，因此对其难以干预，这可能给人们带来风险。近十年，人工智能相关伦理研究也随人工智能实际应用的发展而受到越来越多的关注。

科技革命推动了社会关系变革，再次重构人机交互模式与人类的本我思考。2010 年后，电影中的人工智能形态更多元、能力更强大，对人工智能与人类关系的伦理问题讨论也越来越深刻。

2013 年上映的科幻爱情片《她》（*Her*）讲述了一位作家爱上人工智能虚拟女助手的故事，萨曼莎甜美、性感、风趣幽默且善解人意的声音让孤独的作家深陷其中；同样是人工智能女友，2015 年上映的电影《机械姬》（*Ex Machina*）中的机器人艾娃则借助成功的图灵测试，用爱情将人类玩弄于股掌之上，让人不寒而栗。人的意识是否能用数据的方式保存下来，并复制转换到机器躯壳而继续“存活”，甚至获得“永生”？这是人工智能领域更前沿的话题，2015 年上映的电影《超能查派》（*Chappie*）将这种可能性展现在人们眼前，人与机器人的定义似乎完全模糊了……

飞速发展的互联网技术和数字科技，为人类带来了一场认知革命。21 世纪，人工智能题材的科幻影视作品数量激增，电影中对人工智能的能力描述越来越具象而真实，对人工智能善恶是非、道德观的演绎也更加激烈。从电影到现实，人工智能正以一种认知上的“新常态”，润物细无声地改变着我们的生活和思考方式。

科技与想象共筑现实

“我是一个能自由发挥想象力的艺术家，想象力比知识更重要。知识是有限的，而想象力却能漫游世界。”1929 年，爱因斯坦在接受采访时这样说。

回顾过去的一百年，科技史与电影梦相互交织，不断在意识和灵感层面激发人类创新。在电影中，人工智能从最早的“人类复制品”不断演化为功能强大的虚拟助手、智能装备，甚至虚拟生命，人工智能的作用也从简单的替代人类劳动，演变为人类探索未知的辅助，乃至情感的依赖和精神的慰藉。

人们对人工智能的认知和想象，伴随一部部科幻电影的剧情从简单走向深刻、从发散走向凝聚，也与现实世界中的人工智能相呼应。

电影中的大量想象，无疑在推动大众认知人工智能方面起到重要作用。科技的发展也一步步将电影变为“想象的现实”，如同预言一般，使人类加快建立共同认知，改变人们的合作方式，推动人工智能的产业革命。由人类制造，颠覆人类已有规则，成为人类的突破性助手，延展人类思想，从相对到统一……未来人工智能与人类的边界必定是模糊的，人机交互和人机关系将开启新局面。

人工智能将为人类发展带来更多挑战，但也会打开更多维的空间。未来的人工智能如何定义？人类自身又该如何定义？没有人知道，一切都悬而未决。

人工智能起源于艺术和想象

中央美术学院实验艺术学院院长邱志杰教授

邱志杰教授是中国著名的艺术家与策展人，现为中央美术学院实验艺术学院院长，科技艺术方向发起人。

邱志杰教授历时一年多，对人工智能的理论历史、思想体系、技术演进和行业脉络等进行了详细的研究，并以此为灵感创作了艺术作品《人工智能地图 2019》，以表现波澜壮阔的人工智能发展史。

对于艺术与人工智能，邱志杰教授有着深刻而独特的理解，他认为两者的关系其实非常紧密，甚至可以说人工智能起源于艺术和想象。

科学与艺术的关系，远比人们想象得紧密。科学与艺术都是理解和掌握世界的途径，都是从观察到想象、从感性到理性的过程。

艺术家的工作方式与科学家十分相似。很多艺术家在创作前会产生很多想法，这些想法如同一个个猜想或假设，而艺术创作的过程就是实践的过程，正如科学实验。艺术家通过不断尝试，深入未曾探索的领域，进而不断产生新想法，寻找新材料，修改作品，而后公开展示，证伪原来的猜想，同时艺术家的知识也不断更新。这样的过程与科学创新相似，对想象力、严谨和勤奋的要求都很高，当然也会面临失败。

很多科学发展以数学为基础，数学在古代是六艺之一。古代“艺术”一词所指的正是各种技能和术数方技。

今天，我们认为龙山黑陶具有很高的艺术价值，其代表作品蛋壳黑陶杯是国宝，也是精美绝伦的艺术品。但是，在 4000 多年前的龙山文化时代，它的价值却更多体现在材料科学的最新成就上，代表了新石器时代陶器制作的最高水平。

还有大家熟知的越王勾践剑，剑身上布满漂亮的黑色菱形暗格花纹，剑格上还镶有宝石，充满艺术美感。更重要的是，这柄剑是用复杂的复合金属铸造工艺制造的，剑脊与剑刃用不同成分配比的青铜浇筑而成，且剑身镀有含铬金属，工艺难度极大。回到 2500 年前春秋时期的越国，这把剑很有可能获得当时的“尖端国防科技奖”。

因此，今天我们看到的很多艺术品，在古代往往是科技创新的重要成果。人们在造物的同时，也将科学和艺术融入其中。当站在一个更长的时间维度上观察人类发展、审视科学与艺术时，就会发现两者是无法分开的。

人工智能的诞生与发展，同样源于人类对自然规律的不断探索和总结。它是一门科学，但也包含着大量社会、哲学和艺术价值。

我们都知道，人工智能融合了数学、计算机、神经科学、认知科学、仿生学、社会结构学等诸多学科，但其最早源于艺术和想象，且两者一直贯穿于人工智能的发展过程中。

对人工智能的想象，可以追溯到1770年的“土耳其机器人”——一种用枫木雕刻出来的类似人的、用于下棋的机械装置，后被证实是骗术；20世纪20年代，舞台剧中出现了最早的智能机器科幻概念“罗素姆万能机器人”；1933年，芝加哥世界博览会上展出了“未来之家”中的Alpha机器人；在1956年举办的达特茅斯会议上，正式提出了人工智能的概念。

如今大家对人工智能的认知和理解，早已不局限于机器人这种单一形态。电影《钢铁侠》中的贾维斯与现实世界中苹果公司的语音助手Siri；电影《黑客帝国》中的史密斯与现实世界中IBM公司的象棋高手“深蓝”、谷歌公司的围棋高手AlphaGo；电影《银翼杀手2049》中的虚拟女友乔伊与现实世界中商汤科技等人工智能企业打造的虚拟数字人……艺术与科技在时代中不断交错、相互引领和促进。同时，人工智能的概念也在这种交错中不断变化和丰富。

商汤科技打造的虚拟数字人

其实，人工智能的本质与人类所面对的世界是一致的。正如“忒修斯之船”的隐喻，一块块坏掉的木板被新的木板替换，以至于整艘船上所有的木板都不再是原来的木板，但这艘船仍叫“忒修斯之船”。

30年前，我们将计算器称为智能，认为这可能就是未来人工智能的发展方向。以现有技术水平为基准，在5～10年后，Siri这类智能语音助手，大家也许都不会觉得是高科技了。经过更长时间，也许古老的计算器所展现的价值，就更多在工业收藏艺术方面了。科技与艺术的演进，就如生命本身，都是流动的、开放的、不完全固化的。

今天，人工智能领域还面临很多新的问题和挑战，但人类前进的步伐不可阻挡。从车轮到互联网，人类不断通过科技创新和技术驱动缩短沟通和交流的距离，相互紧密结合，形成网络，让创造和文明更容易交换和共享。未来，人类可能会慢慢消弭国家的边界、民族的边界，人工智能也会在其中扮演非常重要的角色，构建新的、更高效的人与人相处的网络，科学与艺术将进入高速发展的时代，两者的界限也会更加模糊。

1.2 智能，迈开“两条腿”

当前，人工智能是如何被定义的？

一个普遍观点是，在 1956 年举办的达特茅斯会议上，正式提出了人工智能（Artificial Intelligence）的概念。但实际上，当时参与会议的学者并未对其达成共识。例如，偏功能的学派认为，智能的能力并不一定依靠与人类类似或相同的结构。

60 多年后的今天，人工智能之所以被广泛认为是一种“以人类行为标准进行猜想、假设、研究、实验而造就的类人智能”，很大程度上是受到 1950 年图灵测试的影响。这项著名测试的核心之一，就是将人作为评判机器是否智能的参照物，明确了人工智能概念的范畴，但也将人工智能的“边界”框住了。

半个多世纪以来，尽管人工智能发展历经起伏，学派分支复杂，却始终没有脱离人的认知与知识基础，其发展一直以模仿人的思考方式及人的能力为标准。

20 世纪 50 年代，第一个“感知机”人工神经网络模型被发明；20 世纪 60 年代，符号人工智能大行其道；20 世纪 80 年代，专家系统和反向传播算法带来突破；20 世纪 90 年代，卷积神经网络理论被提出……如此种种，均带有鲜明的“图灵”标签，关注机器是否达到或超越了人的能力。在中国，Artificial Intelligence 被翻译为“人工智能”，这种描述其实也附着了很强的“图灵”特点。

从字面上看，人工智能可以简单地分为“人工”和“智能”两层意思。“人工”即人造，可以看作一个定量；而对“智能”的争议较大，可以看作一个变量。一方面，人类最了解的智能是人类自身的生理智能，其不仅涉及学习、思维、决策、意识等，还会随知识的积累和人类的进化而增强、变化；另一方面，人类在长期改造自然的过程中发展出与人类生理智能有本质差异的智能，该类智能多见于各种工具中，它们为人类提供帮助，模仿的却往往不是人类的能力。

因此，对于人工智能来说，我们实际上能够归纳出两条发展路径：一条是“类人智能”，是以人的能力为依托，符合图灵测试范畴的人工智能，其以当前人类自身智能为标准，追求使第三方主体拥有类人的感知和判断等思维能力，期待其未来可以达到甚至超越人类水平；另一条是“非类人智能”，它不以人的能力为依托，不以模仿人类自身智能为目标，而是聚焦于利用各种新技术工具解决具体问题，帮助人类更好地控制和改造自然。在很多情况下，“类人智能”会因以人的数据和认知为准则而受限，而“非类人智能”虽然并不具备人的能力属性，但其实很多人类对自然极限的突破都是通过这条路径实现的。

上述发展路径也体现了技术的旨趣——控制自然和创造人工的过程，体现了人与自然的能动关系。人们希望以技术为媒介，使自然成为人类可以掌控的对象，而更具意义的是，人们试图用技术为自己编制一个人工世界[①]。在这样的人工世界中，最核心的无疑是人类自身，而“类人智能”就是技术对人类自身的再创造。

“类人智能”，机器与人脑多维角力

作为人们通常所讲的人工智能，“类人智能”从图灵的时代

---

① 刘大椿. 科学技术哲学导论（第 2 版）[M]. 北京：中国人民大学出版社，2005.

发展至今，经历了两个阶段：从“技不如人”到“超越大众”。

在“技不如人”阶段，人工智能表现得没有人好，我们可以很轻松地辨别人与机器。例如，2001 年，出现了一个非常经典的人脸识别算法，其模式由人工预设的人脸模板匹配，主要依靠人的先验知识。

这样的人工智能能够带来怎样的应用？以人脸识别闸机为例，20 多年前，这种产品非常容易受拍摄姿态、光照条件和年龄变化等的影响，实际场景下的识别准确率只有 50%左右，且识别完成后往往需要人工确认。它的准确率没有人高，根本无法达到工业应用的标准。

当时，很多其他人工智能也借助类似的模板匹配算法解决问题，虽然有非常多的研究人员在做，但始终没有颠覆性突破。因此，在这个阶段，人工智能“技不如人”，也很难通过图灵测试。究其原因，这个阶段的人工智能基本都是通过将人的知识传到系统中进行人工指导的智能，其受限于人的知识，上限是人的能力。

迈入“超越大众”阶段的一个关键节点是 2011 年后深度学习技术的突破和兴起。深度学习是机器学习的一种，通过让计算机学习样本数据的内在规律和表示层次，掌握样本特征，进而模仿人类大脑机制对数据进行分析、解释。

深度学习的发展得益于数据、模型和算力的发展。互联网和信息技术蓬勃发展所产生的海量数据可以被计算机使用，半导体技术的突飞猛进为神经网络模型训练提供了更高效的计算资源。这使人们发现，不需要完全依赖人类的先验知识和专家设计，就可以让人工智能从数据中学习到用于解决问题的特别方法，其在图像处理、语音识别、自然语言处理等领域展现出巨大优势。

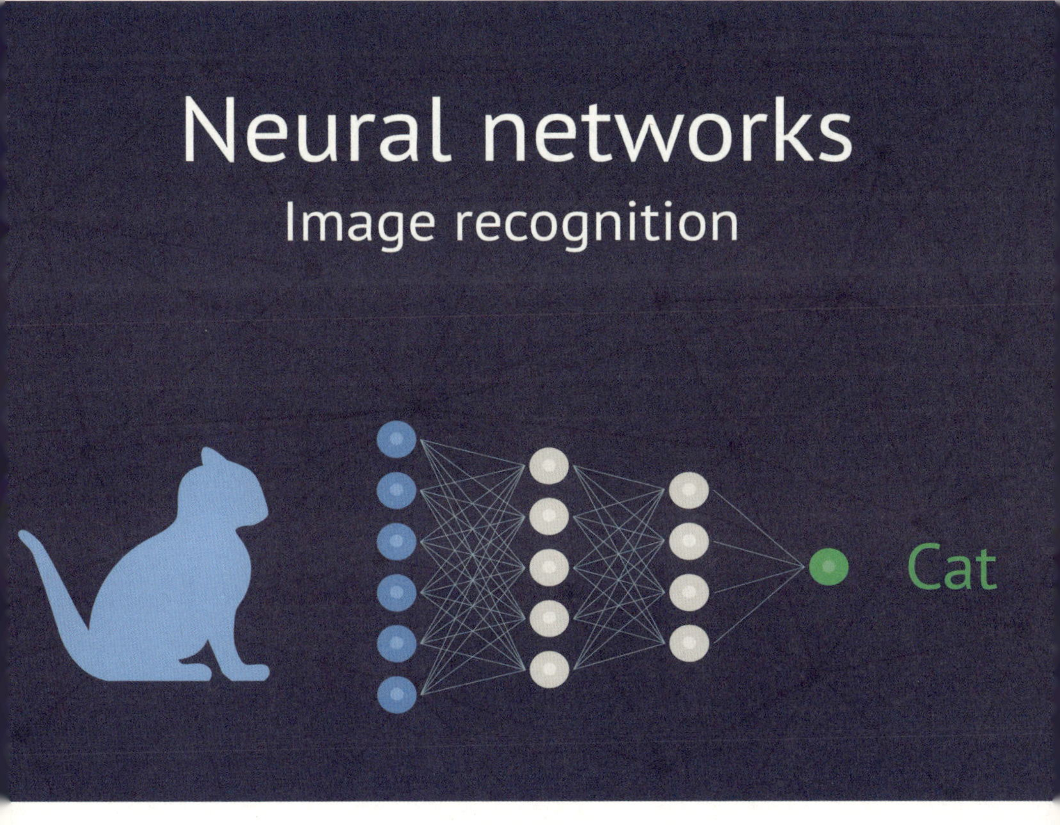

神经网络模型

只有当人工智能技术真正无限接近甚至超越人类能力的时候，才需要通过图灵测试去检验。在这个阶段，人类和机器的角力次数明显增加，图灵测试逐渐展现其现实价值。人工智能能否达到人类的思维水平可以通过“人机大战”来看。2011 年，IBM 公司的人工智能系统 Watson 首次参加美国综艺节目《危险边缘》，在与人类选手的对决中，其相继战胜了最高奖金得主和连胜纪录保持者；2014 年，香港中文大学多媒体实验室研发的人脸识别算法，在 LFW 数据集上首次超越人眼识别准确率；2016 年，微软语音识别系统的错误率首次达到人类专业速记员的水平；同年，DeepMind 开发的 AlphaGo 借助人类棋谱数据和强化学习，战胜围棋世界冠军李世石……计算机视觉的图灵测试、语音识别的图灵测试、决策推理的图灵测试在短时间内纷至沓来，书写了“类人智能”在这个阶段的蓬勃发展历程。

人工智能超越大众会产生哪些现实意义？简单来说，就是训练机器学会各种各样的知识和技能，进而使人工智能这种工具的能力在越来越多的行业中超越人力，解放我们所定义的人的工作，大规模释放劳动生产力，开辟新的应用场景，推动人类更多在创造性方向进化。

“非类人智能”，远超人力的超级工具

自原始的刀耕火耨时代起，工具就伴人类左右。数千年来，在人类改造自然的活动中，工具不断进化，使人类的能力几乎无限延伸。特别是在第一次工业革命和第二次工业革命后，蒸汽机、内燃机和电力的出现，使人类的“力量”得到了前所未有的延伸和放大，火车、万吨巨轮拉开一个新时代，人类一跃成为地球上最有“力量”的生物。

第三次工业革命中电子计算机的发明应用，进一步强化了人类的感官和脑力。例如，数控高精密机床依靠尖端数控系统，能够以肉眼无法分辨的微米级标准实现零件全自动加工，在头发丝上刻字，使人类突破手眼制造的极限；十亿亿次超级计算机 1 分钟的计算能力，相当于全球 72 亿人同时使用计算器不眠不食地计算 30 多年，能够助力人类快速解决重大科学与应用难题；各类计算机虚拟仪器仪表，能够自动完成数据采集、分析、显示，为人机交互带来新界面，使人类信息感知渠道突破传统的物理维度……大量智能化、自动化超级工具的诞生，不断增强人类对自然的探索和掌控能力。

综上所述，“非类人智能”的发展，其实是人类从解决实际问题的角度出发，持续探索、改进、创造新工具的过程。从精密的机械结构，到复杂的执行指令和程序，其中包含大量算法，而算法的“智能”成分越多，就越能节省人的精力和体力，越能高效地完成人所指派的任务。

由于不以人的能力为标准，在很多情况下，“非类人智能”不被认为是人工智能，但不可否认的是，其在解决特定问题上的能力已远超人类自身，突破了大规模工业应用的红线，催生了各类新场景和新行业，“非类人智能”无疑也代表了人类的杰出智慧。

殊途同归，增强人类能力

目前，“类人智能”只在一些特定领域超越人类，并严重依赖人所标注的数据，其发展仍然遵循人类对事物的理解，无法跳出人类知识的边界。而“非类人智能”通常是基于现有技术编写的程序化智能，受限于人类制订的规则和认知程度。

尽管如此，无论是“类人智能”还是“非类人智能”，其最终目的都是对人类自身能力的增强和延伸，并持续突破边界。一方面，突破人类思维、知识和创造的边界；另一方面，突破人类既有掌控自然的技能边界，这也是目前我们认为人工智能应该包含的一个完整的功能定义。

技术的最终演变方向一定是通用化和一般化。未来，“类人智能”和“非类人智能”会走向融合，成为以人类或不以人类思维定义、推理和解决各类问题的智能机器，人工智能将跳出人类的基本素质，在更多维度上超越人类。

人工智能将从对自然过程的控制和人工过程的设计两个方面，使世界在人类手中得以重新安排，形成以自然现象、自然规律为数据导向而推导得到的智能工具，其完全有可能在不需要人类提供知识和经验的情况下，彻底突破人类对事物认知的边界。

其实，星火已然闪现。2017 年，依靠算法突破，一个完全没有用到人类棋谱数据的 AlphaGo 版本——AlphaGo Zero 被公布，它不仅比之前任何版本的 AlphaGo 强大，还独立走出了围棋的新策略，使人类重新认识了围棋这项脑力运动，甚至改变了人们传统的对弈知识结构、思维模式和认知，客观上促进了人类棋手在围棋技术上的提高。

也许就在明天，人工智能会带来新的惊喜，甚至引起智能爆发，显现燎原之势。它的发展将不断为人类打开一个又一个新世界的大门，让我们能够持续加深对世界的理解。人工智能使我们从机器的演进上看到未来，从而指导人类在更高层次和更多维度上发展，让灵感爆发，实现跳跃式进化。

1.3 颠覆式创新策源

只有革命性技术才能推动人类社会实现跨越式发展。

1992 年，经济学家蒂莫西·布雷斯纳汉（Timothy Bresnahan）和曼纽埃尔·崔滕伯格（Manuel Trajtenberg）提出了通用目的技术（General Purpose Technology，GPT），认为整个时代的技术进步和经济增长都受一些关键技术驱动，如蒸汽机、电力、半导体和计算机技术，它们直接促成了人类社会的 3 次工业革命。

GPT 对人类经济社会发展影响深远，每项 GPT 都以提高效率、创造新的应用模式为表征，具有多种用途，几乎可以应用于人们生产生活的方方面面，并产生很强的技术互补性和溢出效应，代表了人类生产力的阶跃式提升。因此，GPT 往往具有 4 个共同特征：通用性、持续性、创新性和颠覆性。

通用性是 GPT 最显著的特征，指 GPT 能广泛应用于各领域，可以从某领域的待定应用逐渐发展为多领域的普及性应用。最鲜明的一个例子是电力，从最早的电灯、电话，到如今的智能穿戴设备、高铁、数据中心等，电力几乎渗透了人们生活的每个角落，覆盖了人们的吃穿住行。

持续性指 GPT 能够持续促进生产效率提高、降低使用成本，同时不断扩大应用范围。例如，半导体行业著名的“摩尔定律”所总结的：集成电路上可以容纳的晶体管数目每隔 18 个月便会翻一番，而其价格下降一半。

创新性指 GPT 可以有效促进技术创新和新产品生产，并与其他技术存在强烈的互补性，其自身在不断演进的过程中，能够促进和带动其他技术的创新和应用，如以计算机技术为依托的互联网技术。

GPT 的颠覆性对社会生产力的发展十分重要。其不仅能助力技术突破，更重要的是能促进人类生产、流通和组织管理方式的优化，催生各种职业和生产场景。

人工智能是一项新的 GPT

纵观人类发展历程，每项 GPT 几乎都带来延伸数十年的变革和影响，近代 GPT 更是直接推动持续扩张的工业，不断将人类掌控的自然科学力量并入生产过程，创造大量财富。

作为一种处于持续探索过程中的技术，目前人工智能虽然只在一些特定领域取得突破，实现了一定规模的工业应用，产业周期也只有短短 10 年。但从诸多实践来看，人工智能明确具备了 GPT 的 4 个特征。

认知心理学研究普遍认为，人类 80%以上的信息感知源于视觉。以人工智能计算机视觉为例，2015 年，人脸识别技术主要应用于智慧城市中细分的智能安全领域；如今，无论是智慧防疫的无感测温、酒店入住的身份核验、智能家居的刷脸门锁，还是智能手机的人脸解锁，以及各种互联网 App 中大量的人脸特效等，都大规模应用了人脸识别技术，人工智能已显示强大的通用性特征。

在多样化应用场景中，人脸识别技术不仅有效提高了使用效率、增强了创新体验、降低了人力成本和时间成本，还连带驱动了数据存储、云计算、AR、虚拟现实、 摄像模组、手机芯片等各类软硬件的协同创新，产生大量增益价值。与此同时，传统的人与机器的关系、机器与机器的关系，甚至人与人的关系也在一定程度上被重塑，催生了新的商业模式和新的服务。

一个直接的例子是人脸识别技术与 AR 技术的融合应用，该应用一方面成功升级了人们的娱乐交互方式；另一方面推动了美颜拍照、短视频等互联网产品的兴起和普及，促进新的产业内容生产者和生产模式的快速规模化。

人脸识别技术与 AR 技术的融合应用——美颜拍照

可以看到，仅在计算机视觉这个细分领域，人工智能就潜移默化地融入了我们的工作和生活，将我们悄然推到一个新的“发展界面”。

智能不再为地球生物所专有

GPT 与人类经济社会转型深度绑定，一些 GPT“小步快跑”，“核心机”却始终未变，其通过工程上的不断优化屡屡实现应用效能升级，如内燃机技术；另一些 GPT 则持续大跨度迭代，在原理层面不断产生质的突破，实现跨越式创新……

然而，当我们深入去看时，却发现不管是蒸汽机、内燃机，还是电力类的 GPT，其技术能量往往聚焦于对自然力的控制而对人的力量赋能，实现体力劳动中的生产力和生产效率的提高。

直到计算机技术出现，GPT 才开始更多地向赋能人类脑力的方向发展。最初，计算机仅用于替代数学计算、资料存储等非常初级的程式化脑力劳动，但随着计算机技术令人目眩的快速更新换代，即使在程式化脑力劳动方面，计算机也在计算速度和复杂度上远远超越了人类。

作为以计算机技术和互联网等信息技术为基础的新的 GPT，人工智能一方面继承了计算机的强大“基因”（具有高速复杂的计算能力），另一方面其技术目的是将“为人类脑力赋能”进一步发扬光大，实现机器智能在更多维度上对人类中高级脑力劳动的模拟和超越。

何谓中高级脑力劳动?

医院放射科医生对病患阅片诊断是中高级脑力劳动，驾驶员在复杂路况中安全驾驶汽车是中高级脑力劳动，金融分析师综合数据和经验判断金融风险也是中高级脑力劳动。如果再往上一个层级，创作、教育、情感，则可称为高级脑力劳动。不难看出，人工智能对人类脑力的中高级赋能包括感知、分析、判断、决策等多个智能概念，这些复杂能力的可程式化让“智能”不再是地球生物的专有能力。从对人类肢体和体力的赋能，到对人类感知力和脑力的赋能，人工智能与其他 GPT 的区别正在于此。

“智”化社会生产，“软”化产业结构

1956—2015 年，当人工智能尚未规模化进入生产过程时，其只是一种以知识形态存在的科学技术；2015 年后，当人工智能真正能并入生产，转化为劳动技能、物化为实用的劳动工具和劳动对象，并逐步推动管理创新，在生产结构中发挥实际作用时，人工智能就成了社会生产力，其主要表现在 3 个方面。

第一，人工智能会引发劳动者素质变革。人工智能将帮助人们更深刻地了解自然规律，形成全新的智力、能力和思想，进而引发世界图景的更迭，更新人们的世界观，重新定义人与自然的

关系。第二，人工智能会进一步带动生产工具的变革。“智能化”已成为产业热词，从创作工具、制造工具，到服务工具、管理工具，都在向智能化方向演进，它们将使我们摆脱大量执行性、重复性脑力劳动，进一步激发人类的创新意识和发明意识。第三，人工智能会推动劳动对象的持续变革。目前，基于深度学习的人工智能主要将海量数据作为生产资料，使大数据这种在自然界中从未被定义的虚拟物质成为资源，帮助人们更快地从数据中归纳、推演出事物的本质或发展规律，从而更有效地对其进行创造、利用和改变客观事件。随着人工智能技术的持续发展和算法的不断突破，也许有一天大数据也不再是人工智能的主要生产资料，如强化学习已经展现出对数据需求的弱化，未来甚至可能诞生一些从未有过的“新物质”，形成新的劳动对象，使人类对自然资源的发现和利用更加深入。

人工智能不仅会引发生产力变革，还将决定新的生产关系。人机关系会更紧密，一些固定输出范式的人机交互将逐渐被淘汰，机器将更懂我们的本真诉求，主动辅助人类解决大量复杂问题。在未来的社会生产过程中，我们的产业结构会更“软”化，各种新需求和产业形态不断涌现，价值产出越来越高。

洪流涌动，人工智能已开始全方位参与人类世界的颠覆性进化。谁都不能否认，人工智能将成为 21 世纪社会发展中最有力的杠杆之一。

1.4 “传承与创新”的发展观

作为人类掌控自然的中介，技术随着人类的进步和发展不断更迭。3000 多年前，古埃及人只能依靠杠杆和圆木建造金字塔；如今，人类已经能制造出各种精密复杂的机器，以进一步探索宇宙。

进入 21 世纪，近代技术的发展日新月异。然而，每当我们对一项新技术细细审视时，总能发现一些与遥远的过去相似的影子深藏其中，如丝线一般将过去与现在相连。

归根结底，技术是人类解决问题的一种思路，很多概念和本质在很久之前就已经被定义，而通过创新持续赋予其新的内涵。

例如，早在春秋战国时期，就出现了调兵用的“虎符”，虎符分为两半，两半各不相同，中间通过卯榫结构巧妙连接。通常一半由将军保管，一半由君王保管，到用兵时需要将两个半符合二为一，以完成授权，这个过程叫“符合”，也是“验证”概念的早期呈现。

虽然虎符已成为历史，但验证的概念却踵事增华，如广泛应用的人脸识别身份验证。由于受真实环境中光照、表情等多方面因素的影响，我们在进行身份验证时实时拍摄的照片往往与人脸识别机器中存储的照片不尽相同，但通过人工智能算法进行符合校验，就能够发挥验证的作用。在智慧通行、手机解锁、刷脸支付等应用场景中，无疑都传承了“符合”的思想。

虎符

还有，我们所讲的“规划”的概念，可以追溯到2300多年前。中国有一件国宝文物叫“中山国错金银铜版兆域图”，它是世界上迄今为止发现最早的带有比例尺的建筑规划图，以我们今天的卫星视角规划了中山国国王的王陵区域、建筑、宫室面积和平面形状。也许今天看来，这样的规划图很自然，但其却第一次定义了自上向下的视角，将三维世界用二维呈现，给出了“规划”概念的实现路径。

今天，新技术也传承了兆域图的规划路径，我们可以借助人工智能遥感影像，智能解译高精度卫星地图，对目标进行分析和提取，也可以使用人工智能和AR技术为城市建筑构建精准的虚拟3D模型，并加入更直观的交互属性，这些都成了规划的新手段和新维度。

因此，我们可以看到，人工智能增强了传统概念在某个方向的属性和功能，但其实并未改变概念的本质，是过去定义了现在，而现在又定义了未来。

人工智能发展存在“路径依赖”

1993年，诺贝尔经济学奖获得者道格拉斯·诺思（Douglass North）通过其著作《经济史中的结构与变迁》首次使“路径依赖”

理论进入大众视线。路径依赖（Path Dependence）指在给定条件下人们的决策往往受制于其过去的决策。人类社会中的科学、技术演进均有类似物理学的惯性特征，一旦进入某条路径、朝某个方向发展，就可能对该路径产生依赖，在一定范围内，人工智能的发展也不例外。

正是因为路径依赖的存在，认知一项科学技术的最简单方式，往往就是从这门技术的历史开始。因此，本书前面的内容用不少篇幅介绍了人工智能的发展历史，探讨了人工智能的本质。

然而，这样的路径审视可能依然不够长。人工智能聚焦对人类感知能力和脑力的赋能，其内核是一种思维模式的创新，因此其路径依赖不仅存在于技术演化本身，还涵盖了人类思想，甚至文化的传承。

我们虽然身处同一个地球村，但不同文明、种族之间有着显著的思维差异，这种一脉相传的差异会导致人工智能等创新技术在不同国家、不同地区发展的方向和路径存在本质上的不同，即具有目的性差异和认知差异。

5000 年中华文明孕育发展人工智能的天然沃土

5000 年中华文明源远流长，孕育了丰富的历史及文化传承底蕴。在长期改造自然的过程中，中华民族对大量自然和社会发展规律做了总结，覆盖天文、历法、农耕、制造、数学、地理、生物、人文等领域，并在实践中逐渐凝练为知识及思维习惯，这些宝贵的思想财富成为中国在发展人工智能方面的天然路径依赖优势。

中国的传统思维非常注重和善于“归纳总结”，从事实中取其精华、去其糟粕。例如，我们熟知的中医典籍《本草纲目》，由明代医药学家李时珍历时 27 年深入民间和自然亲身考察完成，里面所记载的上千种药物方剂并非基于科学原理的推导，而是通过大量实践与归纳得到的。

这样的思维方式与当前的人工智能发展不谋而合，因为目前基于深度学习的人工智能，实际上是从大数据中归纳抽象出规律，并将规律付诸应用的过程。因此，中国对人工智能发展的推动非常顺畅和自然。同时，我们可以看到，全球对人工智能贡献最大的就是华人，顶级人工智能会议上华人发表的论文数量约占 30%。

此外，我们还非常注重“用”的思维，讲求学以致用、学以实用。我们非常善于用新的方式表现老的事物，为其融合创新元素，赋予其新的内涵、新的定义和生命力。

故宫文创这一现象级文化爆款就得益于互联网等数字技术

与传统文化的碰撞，使文化遗产焕发新的活力。虽然互联网诞生于美国，但通过活学活用，中国的互联网技术无论在应用场景还是产业体量上，都处于全球领先地位。“互联网思维”一词，也由中国公司提出和定义。

因此，对于人工智能，我们一样要优先聚焦于它的实用价值，关注它能怎样帮助我们更好地提高效率，实现更多创新。对一些在新技术发展过程中存在争议的问题和需要解决的难题，甚至可以先搁置，一边使用一边解决，一边探索一边完善，在充足的实践中推动其发展，让人工智能为人类社会的传承和发展提供新的惯性和载体。

如今，人工智能在中国的发展已迎来爆发期。一方面，受中国人口红利逐渐消退和传统产业智能化升级需求日益旺盛的影响；另一方面，得益于中国各级政府在战略层面系统布局、主动谋划，打造了人工智能发展的优厚政策环境。此外，中国在互联网产业化大潮下积累了庞大且多样的应用场景、算力和数据等，具有得天独厚的发展优势，这些综合因素使中国在一开始就与人工智能强国站在了同一条起跑线上。

但是，我们也要承认路径依赖的连续性和继承性使中国在人工智能核心技术水平上与发达国家相比仍然存在差距，特别是在基础理论、核心算法、关键设备、高端芯片等方面，我们仍处在追赶者的位置。

推动人工智能深入发展，我们需要建立科学发展观，要尊重科技发展的路径依赖，找寻过去、现在和未来之间的联系。只有对这门新技术形成更准确的认知，才能有针对性地打造最适合孕育颠覆式创新成果的平台和环境，让人工智能发挥更大价值。

人工智能创新新范式——机器的猜想

商汤科技联合创始人、首席执行官徐立博士

徐立博士是商汤科技联合创始人、首席执行官，同时还担任上海交通大学客座教授。

徐立博士毕业于香港中文大学计算机科学与工程系，主要研究方向是计算机视觉和计算成像学，在视觉领域国际顶级会议、期刊上发表超过50篇论文，被引用超过10000次。

在商业领域，徐立博士也斩获诸多荣誉，曾连续5年（2017—2021年）获评《财富》杂志“中国40位40岁以下的商界精英”。在他的带领下，商汤科技前瞻性地打造了人工智能基础设施——SenseCore AI大装置，并借此推动高性价比的人工智能软件解决方案在智慧商业、智慧城市、智慧生活、智能汽车等领域落地。

在风起云涌的人工智能发展浪潮中，徐立博士是一名深度参与者。他认为：机器的猜想将带来人工智能创新新范式，而人工智能的不断突破将有规律地扩展人类的认知边界。

创新是人类社会发展的基础，人类的科学发展史就是不断通过创新颠覆自己认知的过程，而科学技术的突破带来的是生产力的跃迁，能够塑造新的生产关系，推动社会发展和进步。

人们一直在探寻科技创新的规律。一般来说，归纳总结和演绎推理是我们最常用的方法。虽然看似直接，但从亚里士多德时代的演绎推理到培根时代的归纳法，这套创新体系的构建历时千余年，而“范式（Paradigm）”一词也是到了 20 世纪 60 年代才被提出的。

1998 年的图灵奖得主詹姆斯·格雷（Jim Gray）于 2007 年将科学研究方法分为 4 个范式。第一范式“实验范式”对应归纳总结；第二范式“理论范式”更多对应归纳演绎。归纳得到起点，演绎完善理论。而第三、第四范式实际上可以被有趣地解读为进入信息时代的演绎和归纳。用计算机做演绎是“仿真模拟范式”，用计算机做归纳是“大数据科学范式”。以此类推，如果有了新的生产力系统，在新的生产力系统下的演绎和归纳也会形成新的科技创新范式。

然而，人类历史上的很多颠覆式创新往往不是从这些范式中得到的，而是更多地源于猜想和巧合，以及灵光一现的思想实验，正如砸在牛顿头上的苹果及爱因斯坦少年时幻想乘坐的那束光。范式是“共识”，可以规律化；颠覆式创新是“反共识”，无法规律化。那么，有了今天的人工智能，我们有没有机会系统化这样的“天才猜想”呢？1950 年，艾伦·图灵提出著名问题“机器会思考吗”。今天，全面通过图灵测试的通用人工智能尚未诞生，但是我们可以将问题转变为“机器会猜想吗”。

答案是肯定的。至少在一些领域，机器已经给出了非常好的例子，甚至反向推动人类科学认知的进步。众所周知，围棋棋局的可能形式约 10^{170} 种。假设宇宙中的每个原子都是一台每秒进行一亿亿次计算的超级计算机，那么所有的原子加在一起，从宇宙大爆炸开始算到今天也不能穷举所有可能。也就是说，无论是人类还是这个时代的超级机器，目前都没有办法找到围棋问题的最优解。算法给出的只能是“机器的猜想”。但 DeepMind 的 AlphaGo Zero 已经可以在完全不依赖人类棋谱的情况下，“猜出”一个优于人类当前认知的解，而我们甚至无法解释机器为何会走出特定的那一步。这些“反共识”的走法，恰恰反向升级了人类对围棋的认知。

可以看到，上述例子借助小数据甚至零数据就能取得成功，与机器模拟仿真、大数据归纳都没有关系，带来的是一种新的范式。一切蕴含大量未知的科学，如地球科学、生命科学、药物学、材料科学、核物理学等，都可能受益于“机器猜想”的突破，帮助人类扩展认知的边界。

那么，再深入一步，机器猜想的必要条件是什么？

过去十年，人工智能算法特别是深度学习的发展推动了科技创新飞速发展，而顶级人工智能算法对算力的需求在近十年增长超过 100 万倍。在传统认知中，算法越精妙，需要的算力越小。可事实恰恰相反，人类探索的未知空间越广袤，需要的算力越大，因为面对巨大的解空间，只有借助超大算力才能实现“猜想”。

商汤科技打造了具备超大算力的 AI 大装置（SenseCore），它是将超大 AI 算力、深度学习与强化学习平台、模型层 3 个部分有机整合的一套完整的人工智能基础设施。之所以称为“大装置”，是类比高能物理中的粒子对撞机大装置，巧合的是，“人工智能”一词和粒子对撞机都诞生于 1956 年。粒子对撞机通过随机的粒子流高速碰撞来认识微观领域的新规律和新粒子，在人工智能的可能性探索中，可以通过 AI 大装置对海量数据乃至构建的巨大解空间进行拆解和碰撞，用一定的随机性打破人类认知和应用的边界。

在大多数情况下，我们面临的情况是：我们无法解释“猜想的结果”，甚至不能判断猜想的结果是否“正确”。人类的认知路径依赖，使得太超前的理论猜想很难达成共识并被接受，如产业创新，太超前往往会形成“认知共识障碍”，从而被抛弃。即使是那些当代可以理解的猜想结果，如何在不能解释的情况下推广到应用层面，也十分困难。一条几乎成为共识的人工智能治理规则是要求人工智能给出的解决方案“可解释”。那么问题来了，如果机器猜想出牛顿定律，而牛顿要到一百年后才能出生来解释这个定律，我们能否用好猜想的结果呢？

“可解释性”可能是个伪命题。我们真正关心的是“熟悉性”或“共识性”。例如，莱特兄弟发明飞机时未能解释其原理，甚至直到今天，我们依然无法用流体力学完整解释飞机的起飞过程，但这并不妨碍飞机制造公司制造出我们认为安全的飞机。这是因为人们熟悉了它的应用边界，并且达成了共识。机器猜想成果的落地，可能需要真正放到产业中进行实践。事实上，人类历史中的很多技术都是先有猜想和使用，得到一个应用范围和边界，并为大家所熟悉，才形成了一种认知上的“可解释性”。

在受限环境下的自动泊车是人工智能比较常见的应用。很多经验丰富的司机在倒车入库时常常会总结各种泊车的规律，但人工智能完成的自动泊车不是根据这样的规律来的，而是机器学习的结果。就连设计算法的科学家有时也无法解释在某个具体的点处的方向盘转动逻辑，但这并不妨碍自动泊车系统已大量装配在量产汽车上。

在开放环境下的决策是更复杂的应用，如游戏。一些即时战略（Real-Time Strategy，RTS）游戏的复杂度远高于围棋，这类问题对于机器来说更难，但是人工智能的想象空间也更大，甚至能解决多个智能体的互动问题。商汤科技开源的决策智能平台

OpenDILab 中星际争霸的 DI-Star 引擎已经能够击败顶尖人类选手。现实中的智能交通应用与此类似，面对交通信号灯控制，人们一直很难给出完美的答案。商汤科技曾经尝试在小范围内用决策智能解决该问题，使人车平均等待时间节省一半，这个方向的机器猜想给了我们一个惊喜。当然，要推广到更大范围，还需要做更多探索。

在更多情况下，我们对人工智能都没有完美的解释，且其不完全可控。因此，需要以发展的眼光看人工智能的治理问题。这里的“发展”有两层含义。第一，我们要以发展为目标，即所有的伦理治理都是为了让人工智能更好地服务社会、更好地推动社会发展。如果不谈发展的目标，其实满足任何一个治理条件都会非常容易，但是单一的优化往往会使大家陷入困境。第二，人工智能发展很快。因此，我们要用发展的眼光平衡不同的治理框架，在不同阶段选择不同的治理策略，推动敏捷治理，动态规范新兴技术的发展。

人工智能的猜想——机器的猜想，可能就是砸在牛顿头上的那个苹果，包容和开放是它最好的生长土壤，能够产出更多创新成果。我们可以用人工智能的创新来推动它的普及，让人工智能赋能更多行业。

02
Chapter

人工智能，使能千行百业

2.1 从“科技创新”到“科技流行”

技术的演进遵循“路径依赖”，先发展起来的技术往往能够凭借先发优势，利用快速规模化促进单位成本降低，利用广泛流行所引发的学习效应和大量同业群体开发同类技术所产生的产业化效应，使具有先发优势的技术越来越普及，人们也愿意相信它会更流行，从而实现技术自我增强、自我积累的正向循环[①]。

人工智能的发展也遵循类似的演进轨迹。在人工智能从高深莫测的“黑科技”变成人人可享、人人可用的“身边物”的过程中，技术自身的突破、大众的认知基础等都是决定其发展的关键因素。

---

① 阙方平. 中国票据市场制度变迁[M]. 北京：中国金融出版社, 2005.

人工智能真正从学术实验室中走出来，在多领域实现工业化应用，是近十年发生的事。而完成类似的过程，蒸汽机用了近 90 年，电子计算机用了 40 多年，互联网用了 30 年左右。新技术转化为生产力的速度明显加快，我们将迎来的变化会更深入地围绕人类高级能力展开，不仅包括感知、理解和分析，还包括推理、决策与创造等。随着人工智能技术的大规模应用，人类社会中各领域的生产效率将再次大幅提高，我们可以用更少的资源创造更多财富；创新型市场将被进一步打开，千人千面的个性化、多样化需求将得到更大程度的满足，并促进整体经济持续增长；我们的社会也将发生结构性变化，在经济上拥有更强的包容性，资源分配格局有望被重构，企业与用户、消费者之间的连接变得更直接，中小型企业将拥有更多发展机会。

在可预见的未来，人工智能会带来更大的普惠价值，从基础上改变人们的生活，包括推动国家和地区信息基础设施升级，带来更强的乘数效应，降低基础资源成本，为产业规模化发展提供支持；大众从多领域、多维度获取和处理信息的模式将发生巨变，体验变得更加简单和自然，专业技能的学习成本也会降低。在这些变革中，各行各业的核心价值将发生转移，新技术与传统产业会找到新的交叉点，大量行业、业态将被重塑和重新定义。

人工智能基础设施，解决规模化发展瓶颈

2020 年 4 月，国家发展和改革委员会正式明确中国面向创新驱动发展需要的“新型基础设施”概念及其范围，将人工智能列为三大新技术基础设施之一。人工智能将为社会发展打造新优势、注入新动能，推动数万亿经济产业转型升级。

当前的人工智能发展仍处在产业化初期，只能解决特定领域的一些单一性问题，通用性不足。这就好比要升级一条包含 3 个生产单元的工厂生产线，其中 1 个单元可以由技术更好、速度更快的机器完成，而剩下 2 个单元由于没有合适的技术，依然只能由人完成，那么实际上这条生产线的速度并没有变快。木桶里的水位只能由桶壁中高度最低的木板决定，只有使 3 个生产单元全部升级，整个生产线的效率才能得到有效提高，并形成一种新的生产模式。

当下，中国城市化进程明显加快，未来会出现一大批巨型城市网络。随之出现的将是对超大规模智慧城市综合治理的海量需求。

一个城市的智能化建设，往往涉及城市管理、规划、安全、交通、社区、楼宇、商业等环节，覆盖人们吃穿住行的若干场景。

一些场景对人工智能的应用需求会非常集中和高频、投入产出比高，如人脸识别在轨交（地铁）通行、智慧楼宇、社区疫情防控无感测温等领域发挥核心作用，通常被看作头部应用，主要企业在这个方向确定了较高的优先级并投入大量资源；而一些场景则非常小众而多元，如城市的防火、垃圾抛洒、共享单车乱停乱放、违规养犬、危化品泄露等，这些各式各样、低频的小微问题，往往需要由多种算法检测，甚至通过上万种不同的模型实现。

与单一方向的头部应用相对应，这些存在于我们日常生活方方面面的长尾细分需求被称为长尾应用[①]。以计算机视觉为例，目前有超过80%的结构化需求来自长尾应用。

在现实世界中，作为最大最综合的整体系统之一，智慧城市是推动人工智能规模化的绝佳场景。我们不能只聚焦于满足头部应用，人工智能不能只以打造一个亮点、解决一个核心问题为目的。只有解决了海量的、精细的、占用巨大资源的长尾应用，才能实现价值闭环，使智慧城市的运行效率得到整体提高，这也是人工智能真正能够深入行业、实现大规模发展最关键的一点。

那么，人工智能该如何解决长尾问题，赋能百业？

泛化能力弱是人工智能发展首先需要突破的瓶颈。目前，场

---

① 这个概念由商汤科技在人工智能智慧城市应用中首次提出。

景定制的商业应用是行业中最普遍的方式，一个算法的投入可能需要由百人团队做研发，而一旦更换场景，又需要耗费大量资源……因此，规模化的技术多场景落地非常需要被重点攻关，通过一些通用技术或通用视觉模型，将大量不同场景所面临的共性问题，沉淀到一个基模型中。目前，整个行业正积极从具有超大参数量的基模型入手，探索通用之路。通用基模型将具备触类旁通的能力，在不同行业、领域的细分场景中，只需要依靠小样本，就能迭代得到优质的模型和算法，同时能有效降低单一算法的生产成本，进而推动长尾应用实现突破。

不过，具有超大参数量的基模型对人工智能的算力提出了更高要求。2020 年 6 月，由“硅谷钢铁侠”Elon Musk、硅谷知名创业加速器 Y Combinator 的总裁 Sam Altman 和微软投资的知名人工智能研究机构 OpenAI 共同推出拥有 1750 亿个参数的预训练语言模型 GPT-3，耗费了约 3640 Petaflops/s-days（1 Petaflops/s-days 指一天执行每秒千万亿次运算）的算力。这为很多企业和机构训练具有超大参数量的基模型设置了一定的门槛，强大的算力基础设施成为紧迫需求。2020 年 7 月，商汤科技在上海市临港新片区投建了大型人工智能计算与赋能数据中心（AIDC），设计算力为 3740 Petaflops，于 2022 年年初投入使用，成为亚洲最大的超算中心之一，能够在一天内完成类似 GPT-3 的具有超大参数量的人工智能算法迭代。

位于上海市临港新片区的商汤科技人工智能计算与赋能数据中心（AIDC）

技术范式的变化，大大推动了新一波人工智能基础设施升级，不仅包括算力，还包括数据处理、资源调度、训练框架、模型生产平台，以及开发者生态等覆盖人工智能全生产要素的各种组件，这些从底到端的基础设施共同构成了“AI 大装置”。AI 大装置和具有超大参数量的基模型将成为我们全面走向数字化的基础，实现神经网络技术的自动化、规模化、集约化。

以往现实世界中很多无法被结构化的场景和关系，未来都可以被算法定义，将实现对物理世界更准确的数字化表达，从而使其与虚拟世界连通，两者相互叠加并产生更大商业价值；现实世界的搜索引擎也将随之建立，人们可以直接用人类语言在物理世界中进行检索和推荐，获取想要的信息，做更好的决策，并促进大量新应用、新场景诞生；具有强泛化能力的人工智能还将推动长尾应用蓬勃发展，用户无须承担专门的算法开发成本，只需要定义好要解决的问题，拥有充足的数据，就能借助 AI 大装置完成智能化转型，以低边际成本实现规模化覆盖。

AI 大装置所带来的大平台，还将引发价值链向下游转移。在路径依赖下，企业服务、城市管理和个人生活等主要落地方向中的大量行业将打破藩篱、整合重塑，技术场景更加多元，更多不同领域的技术将进一步融合创新，持续引发更大规模的产业裂变，人工智能也将随之进入一个全新发展期。

认知普及是人工智能发展的关键牵引力

在认识和改造自然的过程中，人类不断创造更好的技术；在使用和体验这些技术的过程中，人类的能力也不断提高。这两个过程就像 DNA 的双链结构，相互交织，螺旋上升，共同组成了人类科技进化基因。

人工智能是人类科技进化基因的新片段，一方面，人工智能在技术层面不断迭代，其增量突破为各行各业带来价值；另一方面，人工智能也带来信息处理模式的巨变，人们可以更轻松地掌握以往非常专业、繁复的技能，享受低成本的创新服务和体验。但是，对于这门从实验室走出来没多久的新兴技术，我们要构造一个正向螺旋，使人工智能持续的技术演进与大众的认知学习快速打通、互为牵引，有“三化”至关重要。

第一，技术产品化。核心技术的突破必须有相应的产品作为载体，并形成标准化服务，才能使技术真正走入大众，影响和改变大众习惯，使新技术流行。例如，人工智能在智能手机上的应用，基于人脸识别技术的毫秒级手机人脸解锁、基于图像视频处理增强技术的手机拍照双摄虚化、基于人脸 3D 重建技术的人像拍照 3D 个性美颜等功能都已成为智能手机的标配。这些大量产品化的人工智能技术，潜移默化地改变了人们的审美，让专业化的修图和摄影技能变得大众化，甚至加速中低端卡片相机的消亡，推动视频直播行业兴起。

第二，落地规模化。技术在真正意义上产生足够大的影响力需要具备一定规模化能力。规模化能够显著提高效率，使人工智能可以构建城市数字应急大脑，在紧急时刻发挥作用，解决一些关乎民生安全的突发事件。一个非常直观的例子是人脸识别在智慧城市中的“走失人员寻找”应用，只有系统规模足够大、网络足够密，才能在弱势人员走失的黄金时间进行有效回溯并搜救。人工智能使更多的悲剧可以被挽回，人们对技术力量的认知也会在这样的过程中发生深刻变化。

除此之外，人工智能技术落地的规模化还能加速传统业态转型，优化大众服务体验。例如，2020 年，在上海市长宁区江苏路街道上线的 AI+一网统管，将深度学习和人工智能场景分割等技术应用于城市网格化管理，借助区域内数百个感知终端实现城市管理案件的人工智能研判处置全闭环，针对垃圾暴露、共享单车乱堆乱放等痛点问题实现秒级发现、快速处置，传统城市管理工作也从依赖网格员不断上街巡查的“人海战”，变成了人机交互、数据驱动、主动发现的智能统管，使社区居民直接感受到了智能化城市治理对市容环境的“疗效”。

第三，场景多元化。当经济社会由高速发展逐步转向更强调高质量发展时，大众需求会更加细分，更多类型的应用和场景随之产生，承载人们对个性化新鲜事物的追求。当人工智能可以一一呈现这些现实场景时，就会产生新的交互模式。

如今，“AI+AR”技术广泛融入人们的生活。在线上，我们通过将人脸关键点检测跟踪技术与AR技术匹配，可以制作趣味十足且逼真的3D卡通头像，使娱乐和社交模式升级；随着电商场景的不断演进，以及消费者对购物体验的要求逐渐提升，AR正成为品牌服务消费者的重要工具，如AR试鞋可以足不出户看到试穿效果；在线下，我们利用高精度三维数字化地图构建技术等，可以用手机体验“AR游西湖”，享受沉浸式实景导航及虚实融合导览等“高级”玩法；我们还可以通过高精度定位、SLAM、三维空间稠密几何重建等技术将“曾侯乙编钟”复刻，以手代槌敲响AR技术生成的国宝，体验古乐演奏……在技术的驱动下，这些场景打破了原有边界，我们通过人工智能更好地理解现实世界，又通过AR技术使现实世界与虚拟世界融合。

AR 试鞋可以足不出户看到试穿效果

通过“AR 游西湖”，感受不一样的数字奇景

场景多元化本质上为各种新技术的相互碰撞、交叉融合提供了更广阔的舞台，技术布局越广，应用场景越丰富，越能产生 1 加 1 大于 2 的效果，技术也越能打动人心。

随着技术的进步，我们对信息的需求呈爆发式增长，人类对信息的表述和传达越来越准确，从文字到语音，再到视频。对细节的表现越来越丰富，其形式也越来越接近人类自然能够接受、理解的信息模式。在这个过程中，新兴技术所提供的产品逻辑和创新体验越来越符合人的直觉感官，我们的学习成本也越来越低。

电子计算机的流行大幅降低了计算成本；互联网的流行大幅降低了信息传递成本；大屏智能手机的风靡，则以更符合人类本能的交互逻辑，进一步降低了我们获取和创作图片、视频等大容量多媒体信息的成本；接下来，人工智能将以更新维度的对语音、图像、视频的自动化分析、计算和推荐，降低大众获取和处理丰富、高价值信息的成本。

未来，在高水平“人工智能社会”中，技术将是无感而泛在的，智能化技术就像水、电、煤一样，为人类提供各种无缝的服务体验，我们只要定义好目标方向，就能获得想要的结果。这不仅是新技术引发的产业变革，还是大众认知学习模式的迭代和变化。因此，认知普及是人工智能发展的关键牵引力。

找到钥匙孔，解锁智能时代

当有了可以解决长尾算法生产问题、实现规模化创新的人工智能基础设施，有了更多维度、更广泛的大众使用体验，进而实现更低的生产要素价格和学习成本，最终使人工智能可以重新定义一个又一个行业时，我们就真正触摸到了智能时代的大门。

需要注意的是，这未必直接等于马上能够进行产业变现。一直以来，科技和工业发展并行，两者什么时候产生交集，是我们需要深刻思考的。历史上，金属钨作为灯丝材料的应用比钨的发现晚了上百年。我们需要准确找到大门的钥匙孔——一个真正意义上的爆发临界点。

在这个临界点，一条线是技术能够持续突破工业应用红线[①]，带来劳动力和生产力变革；另一条线是市场足够包容，大众能够

---

① 人工智能的工业应用红线主要指技术商业化的一个阶段，即只有当人工智能的算法准确率超过人类能力的红线时，行业才会考虑实际的工业化应用。技术突破工业红线能够使行业效率取得革命性变化，带动产业升级。2017 年，商汤科技联合创始人、首席执行官徐立博士在一次演讲中针对 AI 发展首次提出这个理念。

理解新技术如何改变行业，并产生基于认知共识的规模化刚需。当两条线交汇时，科学技术的更迭和产业变化才能真正交汇，从而创新策源、引发变革，人工智能才能真正走向普惠。

人工智能推动产生新商业

时任阿里巴巴集团副总裁郭继军先生

从 IaaS 到 PaaS，再到 SaaS，云服务的发展与人工智能结合得越来越紧密，并不断通过创新和重塑改变既有模式，打破大众习惯和认知，逐步将智能化应用融入生活、商业的每个环节，使其成为我们生活的一部分。而在这个过程中，人工智能也进入一个新阶段。

郭继军先生在出席 2019 年商汤科技人工智能峰会时判断：未来，人工智能不再只依靠某家公司做的一两项技术，而是将继续进化，变成更加场景化、工业化和商业化的能力，与新经济、新生活方式结合得更紧密，推动新商业模式产生。

2018 年，计算机视觉和 AI 领域专家 Filip Piekniewski 在博客上发表文章 *AI Winter is Well on its Way*（AI 的寒冬就要来了），主要讲了 3 个论据。

第一，这一波次的人工智能热潮基于深度学习，但深度学习只是在不断优化，没有取得更大的技术突破。

第二，深度学习无法扩大规模，其突破局限于若干领域，没有进入大众的生活。

第三，普遍认为自动驾驶是这一波次人工智能最重要的应用场景之一，但基于深度学习的自动驾驶应用事故频发。

人工智能发展至今，经历了多个波峰和波谷。但是，正如我们所见到的，无论是资本的持续涌入，还是包括大型互联网公司在内的信息化产业对人工智能的拥抱，以及人工智能人才的炙手可热，都表明目前没有人工智能发展减缓的迹象。

在经历几年前非常“热”的阶段后，基于深度学习的人工智能进入了一个新阶段。未来，人工智能不再只依靠某家公司做的一两项技术，而是将继续进化，变成更加场景化、工业化和商业化的能力，与新经济、新生活方式结合得更紧密，推动新商业模式产生。

因此，即使在人工智能发展遇到阻碍时，我们也没有放弃对它的信心，仍然抱有强烈的热情，尽管当前的人工智能应用还停留在很多孤立场景中，通用人工智能时代远未到来。

我们能够做什么？可以做什么？

新商业、新经济发展增量不断涌现，人工智能恰恰是其中最重要的技术推动力之一。我们正努力让人工智能在各类生活场景中获得实际应用，使其真正变成我们生活的一部分，以改变既有模式。

在阿里巴巴杭州西溪园区，通过引入大量人工智能技术来构建智慧园区的过程已经持续了很多年。阿里巴巴的商业操作系统每天都在多种人工智能场景下进行算法训练。例如，当用户上传照片搜索商品时，人工智能算法可以告诉用户在哪里可以找到这个商品；在短视频中看到一件衣服，算法也可以告诉用户在哪里可以买到；用户外出旅行，系统会根据用户搜索自动规划路线，并提供吃穿住行的最佳方案。在日常生活中的方方面面，都有人工智能可以发挥作用的地方，我们发现，人工智能其实可以无处不在。

垂直人工智能企业的优势，是在每个场景中都可以把算法模型做得非常精、非常专。而阿里巴巴这类企业的优势，是可以把所有点状模型变成一条线、一个面，变成更广域的智能。两者结合，可以真正把人工智能变成“新商业”。

在智慧城市领域，阿里巴巴做了非常多的实践。通过与垂直人工智能企业合作，能够让机器很好地理解在城市中发生拥堵的位置和造成拥堵的原因，以及事故是怎样发生的。这些城市管理者过去无法通过堆积人力来了解、分析的情况，今天都可以通过人工智能实现，形成新的管理模式。发生这样的变化并非由于优化了管理，而是借助技术创新，打造了一种完全不同的城市运营模式。

同时，这种不同的运营模式正越来越多地发生在城市、制造、物流、商业、零售、教育等领域。其不再是原商业模式的迭代改良，而是一种新商业模式的诞生。

未来，商业的发展将由双轮驱动。

一是数字化、在线化网络协同。今天，无论是共享汽车、共享酒店，还是电商模型、线下新零售、城市管理模型，几乎所有商业模型都是一种新的网络协同模式。

数字生活中产生了大量数据，原来的观点是只要我们管理好这些数据，就可以运营好，但今天发现我们给自己挖了一个坑，这个坑叫作“海量数据”。全社会大规模的网络协同完全不可能通过人力调配实现。我们越来越意识到，真正能够全方位解决问题的是人工智能。

二是数据智能化。随着大量智能数据的堆积，商业运营的各种要素都将实现全面的数字化，用户数字化、生产制造数字化、供应链数字化、营销数字化、运营数字化、财务（支付）数字化、企业组织数字化、物流数字化、办公场所数字化……数字化所产生的数据——人类历史上最大规模的由人类自身生产活动引发的原生压力，最终将引起人工智能生产力大爆发。

当我们将网络协同和数据智能结合时，会发现有无穷大的想象力和想象空间。可以把商业带到更多全新的、不同的模式中，我们将由此开启一个新篇章，而这正是由人工智能推动产生的新商业。

人工智能促进医疗卫生资源均衡发展

中国医师协会放射医师分会会长、中国医学装备人工智能联盟副理事长金征宇教授

近年来，医疗健康越来越受关注。我国作为人口大国，存在医疗资源不足的情况。一方面，表现为总量不足，基本医疗资源较少；另一方面，资源分布不均、结构性失衡问题明显，优质医疗资源往往集中在大城市、大医院及经济发达地区。

人工智能的发展，有机会将高水平医生关于一些特定问题的经验变成模型，快速复制到基层医疗机构，使其在相应种类的疾病诊疗能力上，能够接近甚至达到高水平，也使患者无论在发达地区还是偏远地区，都可以享受基本同质的医疗服务。

在 2020 世界人工智能大会上，时任中华医学会放射学分会主任委员，现任中国医师协会放射医师分会会长、中国医学装备人工智能联盟副理事长金征宇教授提出：人工智能能够帮助医生更快了解病情，而且是一个能够迅速提升边远、不发达地区医疗水平的重要途径。

改革开放 40 多年来，中国经济社会发展取得了巨大进步，1978 年至今，我们的收入水平、生活水平确实提高了。但是，中国的人口老龄化问题逐渐显现，劳动人口逐年下降，人口结构发生了很大变化，人口抚养比明显增加，给社会带来了很大负担。

在这个大背景下，未来我们的生产力、生产结构该如何调整，才能承担与解决这些问题？

我国医疗界目前存在的一个突出问题是医务人员的数量远远不足，大部分医疗资源集中在少数大医院中，基层卫生机构在人员和资源上都远远不足。医疗服务面临“数量短缺、分布不均”等问题。

近年来，计算机技术和信息产业的发展，使我们越来越关注大数据和人工智能在医疗领域的应用。医疗保健对人工智能的需求不断增长，人工智能在该领域有很大的开发空间，可以应用于疾病探测、手术机器人、临床决策等，特别是医学界非常关注人工智能在医学影像方面的应用。

医学影像分析是智慧医疗的基本手段，放射科、超声科等在这方面有很大需求，需要处理大量数据。例如，在北京协和医院的日常工作中，平均每天有近 15000 人的门诊量，对影像学检查有很大依赖。我国的人口基数大、患者数量多，同时医疗资源分布不均进一步导致医生压力大。这些都对大数据和人工智能在医疗领域的应用提出了明确需求。

对于肺部，人工智能可以在几秒内对 CT 影像进行智能化诊断与定量评价，完成自动筛查，也能开展肺结节检测与分析，并帮助医生进行支气管镜手术的术前规划；在心血管方面，人工智能可以在非常短的时间内自动完成心脏分割、冠脉分割、中心线提取、斑块量化分析等，并自动生成胶片和结构化报告；对于病理切片，病理科医生往往需要不断从 10 万×10 万像素的数字图像中逐区域寻找细微病灶，工作量极大。但通过人工智能算法可以自动大批量快速筛查检测，直接提示并定位病灶，节省大量病理切片的读片时间。

上述人工智能应用能有效帮助医生提高效率。当然，建立这样的人工智能影像辅助诊断系统需要有很高的标准，既要易于使用，又要具备多样化应用能力。一个好的医学 AI，一定要满足临床需求，对于医院来说，要省人、省时、省力、精准；对于患者来说，要快速、准确、规范，上述应用是非常有益的尝试。

目前，医学影像领域的最大需求依然是定量测量工具，现在开发一种全方位的智能化应用可能还非常困难，但企业可以从定量测量方向入手开展工作。

人工智能有这么多优点，它能完全取代医生吗？

目前，我们回答是肯定不能。医学与其他商业形式不同，其服务的对象是人而不是物，因此再“智能”，也需要有温度和人文关怀。但未来一定能使利用人工智能做临床工作的医生更有能力处理更多复杂的问题。

当然，人工智能在医学领域的应用还存在诸多伦理问题、隐私问题和信息安全问题。实际上，不仅是医学，人工智能整体研究都需要由纯商业利益驱动升级为公共政策驱动，接受来自政府、社会的监督，必须从一开始就将伦理规范纳入人工智能系统，这也是当前行业的一项重要议题。

“现代医学之父”威廉·奥斯勒（William Osler）曾说道：医学不仅是一门科学，还是一门艺术。当医生与病人四目相对时，会传递很多信息，医生要给病人安慰，给病人信心，这些未必是人工智能可以替代的。但是，人工智能能够帮助医生更快了解病情，而且是一个能够迅速提升边远、不发达地区医疗水平的重要途径。在更广阔的领域，人工智能必将发挥更好的作用，创造更大价值。相信医学界能够利用人工智能为自己插上理想的翅膀，为科学和人类发展做出更大贡献。

2.2 掌握发展人工智能的方法

每个人都对世界充满好奇和渴望，“世界那么大，我想去看看”。我们期待探索未知、发现不同；我们憧憬冲破寰宇、找寻真理。在人类进化过程中，我们无时无刻不在通过观察收集各种信息，通过思考提炼规律，一次又一次刷新对自然、社会的理解和认知。

认知是数据和信息的流动过程，尽管其属于整个学习进程的初始阶段，但其对人类群体智慧的迭代至关重要。人类社会形成的广泛认知共识可以快速形成决策合力，推动创新；基于认知层建立起来的逻辑层更是思维形成的重要依据，可以帮助人们以新的思考方式洞察事物本质。

历史上的每次科技革命都裹挟着一场恢宏的认知变革。巨浪之上，那些快速革新认知思维的人往往走在时代前端。当下，面对人工智能浪潮，大众已经初步建立了一定的认知，普遍认可人工智能是一门通往未来的技术。但人工智能到底有何能力？如何发展？对人类的生产生活又会带来哪些根本性变化？对这些问题却往往知者不多。

显然，普适性人工智能认知体系和思维框架远未成型。与巴菲特搭档 50 多年的黄金合伙人查理·芒格曾指出：人类社会只有发明了发明的方法后才能发展，只有学习了学习的方法后才能进步。因此，对于人工智能来说，我们只有尽快掌握发展人工智能的方法（拥有人工智能思维），才能让这门技术真正走得更远。

那么，什么是人工智能思维？

人工智能思维其实是一个非常多元的概念，是我们认识世界、理解人类自身、重新定义自己的全新思维方式。正如自动驾驶重新定义了汽车，AI 拍照、AI 美颜重新定义了手机……我们在享受这些创新的同时，逐渐改变了原来的生活状态和习惯。

人的需求驱动技术进步，我们期待在充分认知的基础上，人们可以从人工智能的角度思考问题。但反过来，当技术发展到一定程度时，人们才有了能更好发挥想象、创造各种需求的基础。

面对飞速发展的人工智能，大家会有多维度的思考和不同方向的思路。那么，我们该怎样抓住重点，又如何重新定义思考方式？我们认为有 3 个非常独特的思维格外关键，也是人工智能思维区别于其他产业思维的重要特质。

“快速迭代”思维，实现连续破圈

看到这里，可能会有读者提出疑问，“快速迭代”不也是互联网思维的一个主要标志吗？我们经常听到某个互联网产品通过产品和服务的快速迭代，不断优化消费者体验，在一定时间内使用户数量翻番，业务规模成倍增长等。

实际上，我们无法完全割裂地看待互联网和人工智能。一方面，人工智能的发展引用了大量来自互联网的数据和应用场景；另一方面，两者本就技术同源，都属于计算机科学的分支，在路径依赖下，人工智能也继承了很多互联网的理念。不过，互联网与人工智能的“快速迭代”在核心侧重上有很大不同，甚至可以说有本质差异。前者的目标是更好地践行“以用户为中心”，而后者则聚焦于技术创新所引发的产业变革。

人工智能的“快速迭代”思维主要体现在以下方面。

第一，科学与产业间的沟通路径更短，新技术转化为新应用的速度更快，产品迭代更快。

在人工智能兴起前，科技领域的创新实现基本上以“年”为单位。先由高校、科研机构的科研人员做预研，形成一个 Demo 版本就可能花费一到两年时间，在做出原型后发给企业，企业用半年或一年时间进行产品化，之后投放到市场进行反复打磨。而在人工智能带来的新模式下，科学家走向产业前沿的风潮非常显著，技术通常以月、周，甚至以天为单位迭代。一个人工智能产品也许在刚上线时比较粗糙，但通过快速和高频的算法模型迭代，可以在短时间内不断更新产品版本，直至突破应用需求的基准线。

第二，人工智能创新速度更快，技术突破所带来的产业边界扩展效应明显。随着技术的演进，人工智能可以做的事越来越多。

以最常见的人脸识别为例，近 6 年，其算法精度几乎每年都有 1～2 个数量级的提高，每次提高都会解锁新的应用场景，扩展产业边界。

早期，人脸识别仅用于 1:1 身份核验，满足酒店入住、乘车进站、电信营业厅实名认证等需求；随着技术的快速发展，人脸识别准确率进一步提高，发展出了 1:*N* 能力，在智慧城市的诸多场景中得到了广泛应用；当人脸识别准确率达到 10^{-6} 甚至 10^{-8}（相当于 6 位数或 8 位数密码级别）时，就可以应用于支付、智能手机人脸解锁、智能门锁等场景；继续深入，在千万级人口城市做智慧通行，如地铁刷脸乘车①，每天完成百万级人流量的比对刷脸进出站及扣费结算工作，需要确保技术的误识率低于百万分之一，这无疑对人脸识别精度提出了更高要求。

2020 年 1 月，应用商汤科技算法技术的西安地铁 1、2、3、4 号线全线开通刷脸过闸乘车服务

第三，快速迭代加速人工智能与多领域的跨界融合共创。

新型产业分工中的甲乙方关系发生变化。在传统模式下，服

① 2019—2020 年，商汤科技陆续在西安、郑州、哈尔滨等市的 150 多个地铁站成功上线便捷的刷脸乘车项目，实现业内首个千万级人口城市的规模化智慧轨交应用落地，创造多个轨道交通行业第一。

务者和被服务者通常是“我提供产品，你享受服务”的关系，因为技术迭代周期长，创新速度不够快，产品形态比较固定，所以相互之间的边界划分会很明显。但到了人工智能时代，要快速迭代就意味着甲乙双方需要进行更紧密的配合，否则技术更新速度快了，组织配合、转化路径却没有跟上，整个商业创新的节奏还是快不起来。当前，很多人工智能应用场景都要求甲乙双方密切合作，共同快速发展，商业模式随之发生变化。

例如，2017 年，当中国手机厂商准备做人脸解锁时，人工智能企业普遍的技术状态还只能达到 5 秒完成一次解锁，且很容易被攻破，这对于手机厂商来说，很难满足消费者对产品品质的刚性需求。因此，基于对市场和消费者的深刻理解，手机厂商与人工智能企业共同为手机人脸解锁设定了清晰的技术目标，即解锁速度必须在毫秒级，且安全性足够高。尽管当时给人工智能企业带来了巨大挑战，但最终结果如今日所见，技术达到了更高水平，智能手机人脸解锁功能实现了亿级规模的普及。

“真数据驱动”思维，由数据决定创新

今天，人工智能产品和服务的更新周期非常短，而支撑科技创新从“埋头苦干”走向“颠覆式快速迭代”的，就是数据。但

是，这里为什么叫“真数据驱动”？“真”字究竟体现在哪里？

这里依然与互联网做比较。互联网思维所讲的数据驱动主要是数据驱动商业决策，即从大数据中提炼规律，从而为人做决策提供参考。例如，上线 A、B 系统灰度测试，根据用户满意度的数据决定用 A 还是用 B，这就是一个数据辅助人决策的过程。

而对于当前的人工智能来说，数据不再是参考信息，而是直接成为决策核心，即创新本身由数据决定。人工智能切入场景，能否为用户实现一个新功能、迭代一个新产品、解决一个产业难题，前提就是是否能够把功能场景定义清楚，并拥有足够的场景数据。数据由机器处理直接输出为结果，不需要由人做决策就可以把场景问题解决好。因此，我们说人工智能的数据驱动是“真数据驱动”。

人工智能的“真数据驱动”，实际上使过去的决策问题演变为某种意义上的观察问题，相当于将问题简化。一方面，可以使我们的创新速度更快；另一方面，可以使创新的连续性更强，因为思考很容易中断，但观察是可以连续的，能够持续累积价值。

此外，“真数据驱动”还对数据资产化的发展有极大的催化作用。当数据直接作为决策核心并成为社会主要生产资料时，数据就成了高价值资产，并且是人类历史上从未出现过的一种虚拟资产。过去，人类所定义的资产都是现实世界中摸得着、看得见的，其成本与价值正相关，多复制一份就会多一倍价值，也会提高成本，其价值交换非常简单，基本上就是成本加附加价值；数据资产则彻底打破了原有范式，其被复制后价值会变大，但成本几乎不变，我们该怎样定义它的价值及衡量它的交换价值？由此衍生的一系列问题会导致产业结构、经济结构发生重大变化，引发新的数字革命。

“反专业化”思维，提升全民科学素养

“闻道有先后，术业有专攻。”这句话精准概括了在人类社会数千年的发展中，劳动分工逐渐精细化的特点。由于个体能力有限，我们聪明地将一些大的、难以解决的问题分解为很多相对容易的小问题，并不断积累经验，总结形成不同学科，培养不同方向的专家。

然而，随着人工智能在越来越多领域对人类的超越，“专家”的意义出现了新的变化。作为学科交叉融合最显著的一门技术，深度学习的人工智能主要解决横向问题，技术和产品往往需要由更多元的场景孵化。AI 赋能百业，只有整合具有不同背景、不同认知的人的能力，才能把各类问题定义清楚。学科边界更模糊、跨界思维更丰富将成为非常明显的变化趋势，也会对全民科学素

养、科技素养提出更高要求。

人工智能应用于诸多场景，将在一定程度上重新走向反专业化或逆分工，科研人员、产业人员、应用人员等产业链上的分工者都需要具备更综合的问题理解力和判断力，以及创造性思维。

此外，人工智能还将推动科研范式变革，为人类探索未知提供新的路径和思维。

以往的科学探索通常基于已知推断未知，明显受限于已知。因此，人类历史上的不少重大发明和发现，都是“无心插柳”或“异想天开”的结果。人工智能所带来的新科研范式提供了一种可以不以人类已知为输入，只要有数据思维、定义清目标方向、找到尽可能多维的数据，就能获得想要的结果的方法。如此跳出原来的思维框架，我们完全有可能总结得到一些人类此前接触不到的规律，到达一个新起点。

人工智能，以“无所不及”实现“无处不在”

华为公司董事、战略研究院院长徐文伟先生

没有一项技术的发展是一蹴而就的。在技术发展过程中，我们不仅要解决技术本身的问题，还要培育市场和用户，我们需要边使用边验证、边优化边推广，让技术创新快速由“点”覆盖到“面”。正如不知不觉间人工智能已在识别能力上达到或超越人类平均水平，这些小的能力机制虽然简单，但却可以应用于很多场景。

华为公司董事、战略研究院院长徐文伟先生在出席 2018 世界人工智能大会商汤科技主题论坛时提出：计算机视觉、语音识别等单一领域的人工智能依然占据主场，人工智能的春天才刚刚开始，但这并不妨碍我们更多地使用这些在某个方面已完全超越人的机器智能，以加速人工智能的普及。

人工智能是21世纪最重要的通用目的技术（GPT）之一。

人类步入工业文明后，经历了5个大的产业周期，包括蒸汽机/纺织业、内燃机/铁路业、电力/汽车产业、石化/航空工业、数字/ICT（信息与通信技术）产业。其中，每个产业周期都有50～60年，前20～30年为基础技术的发明阶段，后30年是技术加速应用阶段。

当前，我们正处于信息化、数字化产业周期的技术加速应用阶段。从历史经验来看，这30年将是人工智能等数字技术的加速应用期。同时，随着数字化的持续深入，ICT也逐渐从垂直产业变成平台性水平产业。因此，联接+ABC（AI智能化、Big Data大数据、Cloud云平台）技术的应用和发展，对于全行业后30年的发展至关重要。

得益于技术的突破，人工智能正进入新一轮发展期。

从能力的角度来看，人工智能可以粗略分为“感知”和“认知”两个发展阶段，感知主要体现在识别，而认知则包含理解、推理和决策。当前，在语音识别、图像识别方面，人工智能已具有接近人的能力，甚至在一些特定场景实现了超越，拥有感知能力的人工智能已经可以应用于非常多的场景。相比之下，人工智能在认知能力的发展上还有很长的一段路要走。因此，目前关于人工智能的观点有两种。

第一，人工智能的春天才刚刚开始，目前的人工智能只能解决一些“已知环境、目标明确、行动可预测”场景下的问题，未来还有很大空间需要探索，特别是在如何提高人工智能认知能力上；第二，要客观看待人工智能——不神化，但也不漠视，不能等到人工智能完全超越人的智慧时才去使用，而是只要其在某个方面比人做得好，就可以尝试投入特定应用中。

虽然目前人工智能看似只能做一些简单重复的替代性工作，但谁也不能否认，人工智能对企业、产业乃至社会的改变将是巨大的。Gartner 公司的调研结果显示，2018 年，全球有 300 多万名工人受“Roboboss（机器人领导）”的管理。而根据华为与市场研究机构 Tractica 的研究结果，预计 2025 年，全球人工智能市场规模将达到 3781 亿美元，其中 90%来自企业市场，人工智能技术和应用必然会大范围融入企业数字化进程。

在人工智能时代，企业数字化的正确打开方式到底是什么？

2016 年，华为就提出了“数字化转型”战略，并在华为的数字化转型实践中总结出一套 V 字模型，V 字的一条线是 CBA（Customer-Business-Architecture），即以客户为中心、回归业务和架构牵引；另一条线是上面提到的 ABC，即智能化、大数据和云平台。具体来说，就是要依靠业务和技术的双轮驱动，回归商业本质，为客户和用户创造价值。

企业数字化转型的根本是以客户为中心，打造客户满意的服务和流程，解决企业的成本、效率、业务创新和体验问题。企业要有清晰的目标，要有以客户为中心、技术驱动、回归业务的思维导向，还要有组织结构、IT 架构转型、场景化牵引等一系列与之匹配的“小动作”。

未来几年，“X+AI”将成为人工智能驱动第四次工业革命的主要表现形式，而华为也正与合作伙伴一起在企业数字化领域进行诸多有效尝试。

第一，“机场+AI”。2018 年，深圳机场每天航班起降超过 1000 架次，靠桥率约 70%，旅客运送量超过 12 万人次，人均排队时间较长。而通过“机场+AI”，基于智慧助航灯、智慧航班导引及智慧机位分配，深圳机场可以将靠桥率提高至 80%。同时，还能结合人脸识别实现机场“一站式”通关，有效缩短旅客排队时间。

第二，“园区+AI”。“华为园区智能化”由华为与商汤科技共同打造。在华为园区访客接待入口，通过部署人脸识别系统并将其与门禁、访客管理系统对接，不仅增强了员工和访客的通行体验，还提高了门禁管理效率。系统支持自助通行，华为深圳坂田基地每年约有 115 万位访客，智慧园区可为每位访客的每次来访至少节约 10 分钟登记时间，每年为华为节约 24 万小时。

第三，“城市+AI”。在深圳，华为坂田基地是车辆密度最大的地方之一，基地面积只有 1.5 平方千米，每天却有超过 1 万辆汽车出入。深圳市交警曾借助华为云在坂田 9 个路口做过一项测试，借助人工智能技术，根据交通拥堵状况实时调整交通信号灯控制策略。简单来说，过去是车看灯，读秒通行；而利用人工智能，就变成了灯看车，读车数放行。该测试的结果是平均车速提高了 15%。

企业是人工智能最大的应用场景，人工智能的核心是解决企业应用问题，需要与具体问题相结合。2018 年，企业对人工智能的使用率只有 10%；2025 年，该数据将达 86%，AI 将无处不在。

我们对人工智能的核心价值主张，就是打造“无所不及的 AI”，使人工智能高而不贵，让各行各业用得起、用得好、用得放心。

2.3 独木不成林

所有的计算科学都以信息为核心和载体，研究和运用信息的采集、传输、存储、分析、反馈五大环节。每个环节的进步，甚至某个环节中单一维度的技术改进，都会创造价值，带来整个行业应用生态的突破壮大。

例如，随着智能手机的功能越来越强，图像和视频类信息采集变得十分简单而丰富，我们可以将更多的现实场景进行数字化表达，扩大数据空间。同时，当我们把以往的信息交换逐渐从文本、音频过渡到视频、AR/MR，使数据传输达到一个又一个新高度时，5G 也随之而来，通信互联网迈上更高的发展台阶。在存储方面，近年来云计算、大数据中心、数据湖等大数据技术及应用迅速发展，也为信息产业提供了强大的基础设施。

在五大环节中，分析是非常关键的环节，它能够使我们对采集到的信息具备真正有效的价值提炼能力。在互联网时代，搜索引擎公司往往是整个行业中价值最大、最受追捧的，原因在于它所提供的核心价值是将海量的、以文本为主的结构化数据的分析计算和价值挖掘做到极致。有了前面的环节，通过结合场景需求，将采集到的数据变成对用户有用的信息时，就形成了反馈。从采集到反馈，五大环节共同构成了一个基本信息系统。

为了便于理解，我们进一步抽象和精练，将五大环节浓缩为3个环节：输入、加工、输出。采集和反馈就是“输入”和“输出”，用于连接外部系统，完成信息交互，而传输、存储、分析属于信息系统内的“加工”。一次输入和输出，实际上是信息系统与外部系统的一次交互，在大量交互中所形成的一个个闭环，就像蛋白质一样共同构成信息产业的细胞（产业链）和循环系统（生态体系）。

无论是互联网、物联网，还是信息化、数字化、智能化，几乎所有的科技进步都可以映射到上述环节中，而中间的“加工”无疑是附加值最高的环节，是产业生态发展的直接驱动力。

今天，人工智能进一步将信息加工提炼过程智能化，使信息系统运行成本更低、效率更高，并将结构化处理能力扩展到信息密度更大的语音和视觉范畴，使过去很多不能加工的东西变得可以加工，从而实现价值输出。

人工智能重构产业链，天然反垄断

价值突破必然带来生态的重塑。未来，我们将看到诸多行业会通过以信息分析、AI 计算为主导的信息加工环节重构产业链，实现产业的人工智能生态，以 AI 技术为核心的产业升级将围绕产业链上的各子环节全面铺开。那些抢在竞争对手前面，更好地理解、拥抱和应用人工智能的企业，将占据产业链上最能有效控制价值的位置。

智能化大趋势势不可挡，当各行各业都开始使用人工智能分解和重构自身价值时，会催生大量新场景和新需求，在这个过程中，人工智能企业也会更加分化和深化。一些企业将提供人工智能基础设施，成为支撑全产业链低成本、高泛化、高效吸纳和使用人工智能的“高速公路”；一些企业将持续深耕应用，助推产业用户构建和完善价值环节，催化创新；还有一些企业将成为新的产业节点，参与百业智能化的价值链连接进程。

围绕人工智能的大生态一定是一片欣欣向荣、百花齐放的森林，是一个共创共生、充满活力的创新体系。从本质上来看，人工智能的作用是推动原有环节的改造和增值，驱动全产业链的自我升级，因此人工智能天然不具有垄断性，有利于生态各层面公平发展，这也是未来人工智能发展与互联网时代寡头效应的一个非常明显的区别。

与互联网的小步快跑式微创新相比，全人工智能产业链的创新动能的持续时间会更长，也会更加壮阔。其将推动制造和服务更多地向个性化、差异化方向发展，根据每个人的状态、需求自动提供定制化产品和体验，实现“千人千面”。

我们习以为常的 AI 虚拟助手就是一个非常直观的例子，它与不同人的对话不同，扮演着个性各异的角色，从简单的识别需求、回答问题，到主动推荐、主动提醒，甚至完成情景交互和情感关怀……深入参与每个人的衣食住行，在其能力不断迭代的同时，也从智能手机中的私人语音助手，拓展为汽车中的出行助手、家庭中的智能管家，乃至与视觉技术结合，成为拟人的公共服务数字人。

当类似的创新逐步渗透到人类的更多生活空间并逐渐成为一种刚需时，每个行业中独特的场景驱动都在无形中扩展了生态边界。因此，产业人工智能生态的鲜明特点是可以在横向上将很多原本不相关的行业拉通连接，使不同行业的边界变得更模糊。一些行业难以直接孵化的技术和产品，可以借助另一些行业孵化，实现多场景、跨行业的创新。

下面介绍一个非常直观的例子，即自动驾驶与智慧城市。

2.1 节提到，在智慧城市建设中，往往存在大量低频、多元、样本匮乏的长尾问题，很难通过训练成千上万种专门的算法和模型来解决。而类似的问题也在智能汽车行业中存在，为什么自动驾驶在高速公路上更容易实现，反而在城镇道路上面临很多困难？因为城镇道路上的人、车、物等路况更加复杂多变，存在海量类似的、难以预测的长尾场景。只有解决这些问题，自动驾驶才能走向成熟。自动驾驶的长尾问题和智慧城市的长尾问题存在很多相通之处，包括对大量场景、物体及其关系的识别与分析，但自动驾驶更易于在确保安全的前提下借助大量路测数据找到和解决这些长尾问题，从而在算法层面帮助智慧城市提高泛化处理能力。

在自动驾驶场景中存在大量长尾问题

拥抱开放共创的产业人工智能生态

当我们要寻找一棵参天大树时，通常会想到去森林中寻找，这就是生态的意义。

人工智能也一样。人工智能的细分场景和细分应用非常多，我们一定要拥抱一个开放共创的生态，去培育一片森林。不是只形成基于人工智能企业及其上下游业务的产业生态，而是需要从整个基础层面（包括金融资本、人才培养、政策服务、创新孵化等）构建更利于发展的环境，实现协同发展，真正将人工智能作为高效生产力工具，对其进行培育和使用。

具体来说，我们要根据人工智能的发展特点重估创新的价值标准，打破过去重资产、重流量的投资评估模式，针对各种人工智能创新范式，找到核心需求和关键价值，发挥“产业+资本”的乘数效应，让金融资本能够真正助推、放大创新；人工智能技术迭代快、变化快，我们的政策服务和治理模式也要更快地适应调整，在有效牵引的同时，让发展与规制更紧密，在一定的规范内赋予人工智能技术创新更大的发展空间。此外，对于人才培养，我们一方面要加强青少年人工智能思维的基础教育；另一方面要更好利用人工智能产学研紧密协同的突出效应，培养更多拥有“技术+行业认知”的复合型人才，持续为产业人工智能生态建设注入丰沛动力。

人类不断创造新技术，而技术又不断驱动人类进化。在这个持续演进且相互推动的过程中，技术的发展有一条主线，行业的发展也有一条主线，人们对人工智能的需求、对技术的认知，存在一定的发展脉络，我们需要始终紧密关注三者的联系和变化，以“发展”的视角，引导它们合理交汇、合理编织，构建理想的产业生态，谱写伟大的人工智能创新蓝图。

科创新经济需要金融行业快速转型

香港交易所董事总经理兼首席中国经济学家巴曙松教授

近两年，很多人都在谈论新经济，特别是新技术带来的新经济。

新经济虽然是从技术层面发生的根本性变化和转型，但也必然影响经济的理论与实践，与传统经济相联系的经济规律和经济理论框架往往也需要随之变化。从金融体系演进的角度来看，在面对经济转型过程中出现的各种变化与影响时，我们不能以传统的标准和经验判断，而是需要在一种新的维度上进行把握。

巴曙松教授是香港交易所董事总经理兼首席中国经济学家，担任北京大学汇丰金融研究院执行院长。在出席 2019 年商汤科技人工智能峰会时，巴曙松教授提出了一个特别的观点：在新旧经济增长动力转换的关键阶段，现有金融体系需要深入了解人工智能、生物科技、新能源等新经济行业的特点，并高效识别独特融资需求，相应推动金融体系的创新，这是用产业转型带动金融转型的过程，也是通过金融创新反向促进新经济发展的过程，通过创新金融资源配置促进围绕新经济行业的新生态的形成。

当前，全球经济增长所面临的共同挑战是全要素生产率（Total Factor Productivity，TFP）下降[①]，在新旧技术周期更替时，技术进步对全球经济增长的贡献处于一个历史低点。包括美国、欧盟、日本在内的世界主要经济体，都将未来增长的希望放在产业升级、技术进步，特别是一些利于促进全要素生产率提高的技术创新上。

当前，中国正处于新旧经济增长动力转换的关键阶段，经济增长速度出现一定的回落，体现了新旧经济增长动力的此消彼长。新经济增长速度非常快，高科技行业每年都推出更多新产品，但是其整体规模还相对较小，对整个经济增长的带动作用有限，目前还不足以对冲部分传统行业的萎缩。

40 多年来，支撑中国经济高速增长的主要是工业化、城镇化快速推进过程中的“基础设施+房地产”增长动力模式，随着其增速逐渐降低，中国该如何找到新的产业和新的商业模式，从而找到新的增长点？这才是当下新旧经济增长动力转换中的真实问题。

在这样的背景下，我们近两年热烈讨论的“新基建”等理念

---

① 全要素生产率指生产活动在一定时间内的效率，通常用于评估科技进步对增长的贡献。

应运而生，以科技创新、消费、高端服务业为代表的新的内需经济，正成为中国经济的主要拉动力。

资本市场已经做出前瞻性评估。我们可以看到在资本市场中，轻资本的新经济正加速替代重资本的旧经济。2018 年，香港交易所正式推出新修订的上市制度，这是针对新经济直接融资的一个创新与突破，其着力点是通过金融创新加快新旧经济增长动力的转换进程，把金融资源转移到新经济领域，实现快速发展。2019 年 1 月，中国证监会发布了《关于在上海证券交易所设立科创板并试点注册制的实施意见》，有序推进设立科创板并试点注册制各项工作。2019 年 7 月，在上海证券交易所，科创板首批公司上市。

从新经济驱动的角度来看，目前我们正处于一个关键的技术周期转换阶段，与 20 世纪 30 年代和 20 世纪 70 年代旧技术周期即将结束、新技术处于导入前夕的阶段类似，这是一个重新洗牌、重新占位、新的经济版图重要性逐步增强的过程。

而在重新划分经济增长版图的过程中，以技术为导向的原创高新技术产业占比提高，在这个方面，美国依然占据主导地位，中国的增长动力强劲。如果说贸易摩擦对中国的经济转型有推动作用，则其使中国的经济界深刻认识到研发能力、技术创新的重要性，而且该趋势在下一阶段会更明显。近年来，中国的研发支出占 GDP 比重明显提高，但与欧美发达国家相比还有差距，从发展趋势来看，中国将进入进一步加大研发投入的新发展期。

在新经济发展过程中，仅靠科学家的力量是不够的，从形成科学研究成果到形成产业生态、形成经济增长的现实动力，还需要经过一个漫长的过程，特别是构建一个良好的生态体系需要资本市场和金融体系的积极参与和推动。例如，在欧美市场，典型的新经济公司发展需要 3 个方面：第一是科学家主导研发；第二是资本的配合，金融市场通过优化配置资源推动产业创新，加速转型；第三是产业生态的构建与完善。

了解新经济的独特融资需求，需要金融体系深入评估和探讨。在一个企业发展的生命周期的不同阶段，有不同的金融工具。但是，我们目前所采用的许多融资标准，实际上仍是典型的工业化、城镇化时期形成的金融生态和市场制度。例如，一家科创企业先开始创业，然后大浪淘沙，吸引天使投资、种子基金，企业慢慢找到自己的商业模式，这时往往还不营利，于是有了 A 轮、B 轮等 VC 风险投资，企业从早期到发展期，慢慢成熟并实现营利，PE 股权投资进入，并购和风投继续介入，企业持续营利扩张，资产规模、盈利水平或收入水平等指标达到上市融资标准，上市后进一步发展。

与上述传统的融资方式相比，很多新经济行业有其独特的融资特点，现有金融体系往往不能满足。

以典型的生物科技行业为例，全球生物科技领域通常有60%～80%的资本支出发生在研发阶段，如一期临床、二期临床、三期临床，这时企业往往没有营利，没有现金流，常常连业务记录都没有，主要就是研发，这个阶段最需要资金。当企业真的达到上市营利标准时就不需要资金了，其已经完成了商业化，如果还采用传统的融资方式，就会形成典型的新经济融资错配，在最需要资金的时候从市场上几乎拿不到资金，而在商业化完成后不怎么需要资金时，大家追着融资。

因此，对于金融体系来说，在当前经济转型的关键时期，要做的就是深入分析新经济独特的融资需求，把握没有得到很好满足的需求，对金融体系做出创新性调整。

除了生物科技行业，还有很多新经济行业，包括人工智能等，在新旧经济增长动力转换的阶段会触发很多新融资需求。现有金融体系需要深入了解新经济行业的特点，特别是了解不同行业在转型过程中所呈现的独特融资需求，高效识别这些需求，将其变为合乎监管要求的投融资产品，促进金融转型。

这个过程是用产业转型带动金融转型的过程，也是通过金融创新反向促进新经济发展的过程，通过创新金融资源配置促进围绕新经济行业的新生态的形成。

从“ABC”到“ABCDE”，推动数字化转型

微软亚洲研究院副院长张益肇博士

张益肇博士是微软亚洲研究院副院长，主管技术战略部。他曾在国际著名杂志和学术会议上发表多篇语音技术和机器学习方面的论文，拥有多项专利。

张益肇博士对人工智能和数字化转型有深刻研究，他认为数字化转型的最终目的不是只实现数字化，还要在数字化基础上实现决策智能化。

决策智能化的核心是人工智能算法，算法好坏决定了决策是否精准；决策的目的是对目标问题的深度洞察，大数据具有关键作用；而衡量决策是否灵活高效需要云计算的支持。此外，未来 AI 发展需要全行业与生态链的支持，人工智能作为核心数据分析工具，可以有效汇集各行业资源，从而进行广泛的跨界融合。

据相关研究机构统计，2019 年，全球数字经济占 GDP 比重达 41.5%，我们正步入数字经济时代。当前，世界上每人每天平均生产超过 1.5GB 的各类数据，这些宝贵的资源该如何使用？面对海量数据，我们需要使用什么样的工具和手段来处理？

过去几年，无论在感知还是认知层面，人工智能的能力都有很大提升。计算机在处理各类任务时越来越精准，而且有很多超能表现，人工智能成为人类的好帮手。

借助人工智能强大的数据处理能力，将人工智能与不同领域进行广泛的跨界融合，无疑可以催生更多创新成果。因此，微软提出了“ABC”，A 表示 Algorithm（算法），B 表示 Big data（大数据），C 表示 Cloud Computing（云计算）。“ABC”构成了真正的人工智能基础。算法的分析决策，加上大数据的特征和需求，以及云计算的服务能力，将使我们发展出更具价值的数字能力。

当前，初学者可以通过大量实际案例学习人工智能技术，数据科学家也能够使用包含 AI 的各种新分析工具。微软为用户提供了很多工具，这些工具也能与多种平台的工具协同使用，可以帮助行业更好地整理数据。对于开发人员来说，在需要大数据时，可以轻松延伸至云平台，从而提高训练效率。

我们希望未来通过建立一个生态链来帮助行业。通过使用不同工具，各种终端设备（如一个摄像头或一部手机）可以借助生态链更好地运用人工智能。

2018 年，微软亚太研发集团研发了 OpenPAI（Open Platform for AI）大规模开源人工智能集群管理平台，几乎所有的深度学习框架无须修改即可运行。利用 OpenPAI，微软与北京大学、西安交通大学等高校合作，帮助其更好地管理内部的运算平台资源，如中国科学技术大学通过 OpenPAI 管理包含 1000 个 GPU 卡的集群。

2017 年以来，微软亚洲研究院通过“创新汇”项目，与各行各业的全球领军企业一同推进“AI+行业”理念落地，用前沿人工智能科技成果支持更多企业在数字化转型的大潮中乘风破浪。因此，我们要将“ABC”扩展为“ABCDE”，在算法、大数据和云计算的基础上加入两个维度，D 是 Domain（各种领域），E 是 Ecosystem（生态）。同时，还要设立 3 个目标，聚焦如何让人工智能使人们的生活变得更美好。第一个是更精准（Precise），如希望疾病可以被更精准地治疗；第二个是个性化（Personalized）；第三个是更丰富（Plentiful）。微软希望无论与哪个领域的伙伴合作，都可以解决行业场景中的痛点问题，并使人工智能技术落地。

例如，“微软小英”是微软亚洲研究院于 2016 年推出的一款英语学习应用，它可以像私人教师一样结合不同场景帮助用户练习英语口语。微软亚洲研究院与全球知名的教育机构培生进一步合作，共同研发了“朗文小英”。“朗文小英”采用微软的全新算法和微软 Azure 认知服务中业界领先的语音评测功能，实现了对学生发音的实时评测，并向英语练习者提供其发音的准确度和流畅度反馈。

微软亚洲研究院还与全球最大的货柜集装箱运输公司之一东方海外航运合作，运用深度学习和强化学习技术，优化现有航运网络运营。东方海外航运每月需要处理和分析超过 3000 万艘船舶的数据，人工智能及机器学习技术的应用有助于进行船期表和泊位活动的预测分析。在传统情况下，海运集装箱从亚洲装载货物后运到美洲有 3 种选择，一是到达后存放在港口，当有货物从美洲运往亚洲时再使用；二是就近转运到其他有需求的港口；三是就地销毁。每年东方海外航运在这些集装箱的处理上要花费大量成本，而借助 AI 可以对每个港口的需求进行更好的预测，节省大量运营成本，并减少对资源的浪费。

因此，我们相信未来微软可以与更多不同行业的伙伴合作，让人工智能的能力价值落地，改善我们的生活，造福社会。

拥抱人工智能，逐梦精彩出行

上海汽车集团股份有限公司副总裁、总工程师祖似杰先生

祖似杰先生是上海汽车集团股份有限公司副总裁、总工程师，在汽车行业拥有近30年的丰富规划、研发及制造经验。作为一名老“汽车人”，他见证并参与了中国汽车产业的蓬勃发展。

汽车企业的核心竞争力之一，就是确保对先进技术的有效集成，并快速形成创新优质的产品体验，这在迭代速度更快的智能电动车“新赛道”上更重要。以人工智能为代表的新一代信息技术与工业的深度融合，将为汽车产业带来无限想象空间，成为汽车产业新一轮发展的技术制高点。

在2021世界人工智能大会商汤科技企业论坛上，祖似杰先生提出：汽车企业只有以更开放的态度与更多跨行业合作伙伴构建更紧密的协作关系，才能加快突破无人驾驶、网络安全、数据安全等全球性难题，满足全球用户在智能汽车时代更精彩、更丰富的出行需求，从而造福人类。

全球汽车产业正发生颠覆式变革，从燃油车时代正式进入智能电动车时代。

随着人工智能、大数据、云计算等新兴技术的快速发展，汽车焕然一新，从一个以硬件为主的工业化产品向一种由数据驱动，能够自我学习、自我进化、自我成长、软硬兼备的智能终端演进。在生产制造上，传统的制造工厂难以满足打造智能汽车的要求，全新的数据工厂正逐渐形成，赋能智能汽车进化迭代；在专业人才上，以硬件为基础的汽车人才结构已逐渐进化为软件、硬件并举的人才结构，人工智能专业人才成为汽车行业的重要参与力量。

智能化变革源于人工智能技术的迅速发展，因此我们将在新赛道上积极拥抱电动化、智能化。上海汽车集团股份有限公司（简称上汽集团）也将从传统汽车公司进化为驰骋在智能时代新赛道的用户型高科技公司，人工智能技术已全面渗透到上汽集团智能汽车产业链的方方面面。上汽集团利用人工智能改变汽车行业的一些具体实践如下。

第一，汽车企业业务由 To B 向 To C 全面转变。

人工智能正推动汽车企业业务模式更迭，过去，汽车企业业务本质上依托于 4S 店，属于 To B；而在人工智能时代，汽车企业业务要彻底向 To C 转变。

消费群体年轻化使汽车企业的传统营销模式和触达机制面临失效，也使市场变得越来越细分，汽车企业需要更精准地满足不同用户需求。因此，要对用户有新的认识，采取新的做法。

例如，以数据和算法为核心，对不同用户需求进行精准把握，将用户需求不断细分。通过人工智能技术刻画用户特征，助力产品研发、营销决策、信息传播的有力、有据、有的放矢，可以更好地满足用户的多样化、差异化和个性化需求。

基于人工智能的知识图谱赋能在线客服系统，可以极大地提高运行效率，使人工智能在汽车行业直联用户，为用户提供更多便利。

第二，在产品研发方面，人工智能赋能一车千面的用户体验，并不断提高产品研发效率。

过去，传统汽车行业更多是千车一面，大多数汽车企业采用批量生产模式；未来，汽车行业可能会迎来千车千面，甚至一车千面的巨大变化。因此，智能汽车的开发需要引入面向服务的设计理念。

上汽集团的做法是将 IT 行业面向服务的架构（Service Oriented Architecture，SOA）引入汽车平台设计，将智能汽车的开发化繁为简，通过对智能汽车的软硬件解耦，将硬件抽象为可以调用的公共原子化服务，像搭积木一样实现软件服务功能的个性化自由组合。

目前，上汽集团已经有 1900 多项原子化服务上线开放，同时结合人工智能技术，形成从数据定义、数据采集、数据加工、数据标注、模型训练、仿真、测试验证、OTA 升级的体验迭代闭环，结合持续的数据训练，让车更懂用户。此外，上汽集团还提供专属的开发环境和工具，将冰冷的代码转化为图形化编辑工具，让供应商、专业开发者和普通用户都能参与智能汽车的个性化应用开发，利用人工智能手段把智能汽车变成真正的智能终端，把人工智能技术变成普惠技术，更好地为出行服务。

过去，传统汽车都有 3 年的整车开发流程，这在智能汽车时代很难满足市场的产品迭代需求。人工智能技术能够帮助汽车企业提高开发效率，缩短开发周期。

以汽车底盘系统开发为例，由于汽车产业有上百年的积累，知识的传承和复用往往存在巨大挑战。因此，上汽集团探索将知识图谱与算法结合，引入零部件设计中，实现知识精准搜索，大大提高了工程师的开发效率。

第三，在智慧交通领域，人工智能逐渐融入数字化交通和智慧港口建设的核心环节。

上汽集团面向乘用车场景打造了基于 L4 级自动驾驶的 Robotaxi（自动驾驶出租车）项目，有望推动自动驾驶与城市的车路协同及数字化城市等的商业化应用。2021 年年底，上海、苏州等市有 40～60 台 Robotaxi 实现运营。

无人驾驶必须在接管里程、事故率方面比有人驾驶高出一个数量级，才能真正应用于实践环节，否则这样的高度智能体无法在公共安全产品范畴内被人类社会接受。而借助 Robotaxi 项目，利用人工智能技术实现的数据驱动自动驾驶系统不断升级迭代，能更好地解决自动驾驶最核心的问题——大量低频、非标的长尾问题。

在智慧港口建设方面，上汽集团打造了两大具有自主知识产权的自动驾驶整车产品平台，即具备 L4 级自动驾驶能力的智能重卡和港内智能 AI 转运车。通过打通港口业务调度和管理系统，可以自主完成集装箱的智能转运等任务，告别过去港内转运车需要由人直盯的时代。

在特定场景快速应用，是无人驾驶可以落地的重要实践，其本身具有 Local for Local（指特定市场提供特定服务）的特征。因此，在这些场景下，自动驾驶车辆的能力可以不断迭代、可靠性不断提高，能够加快人工智能技术的商业化落地，这是非常重要的数字化交通实践路径。

第四，在智能制造方面，人工智能正推动企业“经济效益”和“劳动生产率”实现双提高。

上汽集团人工智能实验室开发的基于深度强化学习的物流供应链决策优化产品“Spruce 系统”可以提供需求预测、路径规划、人车（车货）匹配、全局优化调度等功能，可使汽车物流供应链降本增效达 10%以上，供应链业务处理速度提高超过 20 倍，已广泛应用于上汽集团的内外供应链管理优化服务。

此外，上汽安吉物流为上汽通用汽车陇桥路 LOC 智能仓储项目研发了一体化物流解决方案，实现中国首个汽车零部件 LOC 全供应链智能化的仓储应用，将排序“线边仓”概念应用于汽车零部件物流行业，结合自主研发的智慧大脑，实现了多种类型的自动化设备联动调度。

第五，在大众智慧出行方面，人工智能正带来更加安全、便捷的出行体验。

“享道出行”是上汽集团旗下的移动出行品牌，通过自研人工智能中枢，相关应用已实现纵向上对专车、企业级用车的分时租赁等业务，横向上对定价、撮合、派单、安全、体验全场景的双向覆盖。截至 2021 年 7 月，共发布算法模型 623 个，智能车载摄像头更是引领和树立了网约车行业的典范，享道出行也成为国内最早采用通过 AI 得到的车内图像进行风控的出行平台，确保司乘双方的出行安全。

展望未来，以人工智能为代表的新一代信息技术与工业的深度融合，将为汽车产业带来无限想象空间。汽车企业只有以更开放的态度与更多跨行业合作伙伴构建更紧密的协作关系，才能加快突破无人驾驶、网络安全、数据安全等全球性难题，满足全球用户在智能汽车时代更精彩、更丰富的出行需求，从而造福人类。

人工智能+5G，“边缘”力量崛起

时任高通高级副总裁 Keith Kressin 先生

我们正迎来两项最重要的技术变革：一项是人工智能，另一项是5G。人工智能与5G的深度融合将改变人类信息传输、分析的方式；目前，人工智能已在超过十亿部手机中得到了应用，人工智能+5G，将是人类未来十年发展进步的基础。

在2018世界人工智能大会商汤科技主题论坛上，时任高通高级副总裁 Keith Kressin 先生提出“边缘力量崛起”的观点，认为在手机、智能汽车、智能家居及智能物联网等领域，我们会看到拥有更强计算能力的终端设备大量出现，形成无限的边缘力量，构建起强大的人工智能网络和更好的生态体系，一同让人工智能的能力变得更强。

5G 连接的不仅是人与人，还有物与物，如我们所使用的智能手机能够与家里的各种智能设备连接，为人们的生活带来更便利的体验。在人工智能的赋能下，这样的连接将再次改变人类信息交流、计算和出行的方式。

2007 年，高通就启动了人工智能项目，希望打造更出色的软硬件。在人工智能赋能万物的今天，通过不断为芯片处理器加入各种人工智能加速指令，为合作伙伴带来持续的创新支撑和广阔业务前景。

未来几年，我们的城市、居住的房子、驾驶的汽车，还有我们随身携带的手机及各种智能穿戴设备，都会实现互联，都会用到人工智能算法，使人们的生活发生巨大变化。在这个过程中，最核心的是要建立人工智能生态并实现规模化增长，关键在于网络中存在的数万亿个“边缘”设备。

一方面，这些设备的性能要非常好，具有很强的运算能力，要关注电池续航能力、外观尺寸和生产成本等因素，这些直接决定了边缘设备的种类和数量；另一方面，这些设备要能够连接在一起并进行运算，最有效的方法是通过 5G 实现，其具有数据通道宽、延迟低、可靠性强等优点。

只有能够连接、能够运算的设备才是人工智能真正需要的，其中智能手机最具有代表性。在全球 70 多亿人中，有 30 多亿人每天都在使用手机，每年有多达 15 亿部智能手机被售出。智能手机清楚我们喜欢的音乐，了解我们对食物的口味，洞悉我们对应用的偏爱……这个边缘设备确实掌握了很多数据。因此，我们一定要保证其收集和使用的数据得到安全、合理的应用，使人工智能更好地服务大众。

通过与商汤科技等人工智能企业合作，广泛应用于各品牌智能手机终端的高通骁龙芯片拥有了 AI 引擎，可以实现各种功能，如获得更好的游戏体验，优化文字、视频传输效率，提高对视频、音频内容的识别准确率，优化拍照效果等。

如今，人工智能已在超过十亿部手机中得到了应用，但如何才能让人工智能的能力更强？显然这不可能只靠一两家企业完成，而是需要诸多伙伴通力合作，共同构建更好的生态体系，一起把新的功能带给更广大的消费者，从手机延伸至智能汽车、智能家居及智能物联网等领域。

未来十年，我们发展进步的基础是人工智能和 5G 的匹配，我们会看到拥有更强计算能力的设备成倍增长，并向带宽更大、密度更小、延迟更低的方向发展，这些改变世界的基础设备将最大化边缘能力，使人工智能获得长足发展，广泛应用于各行各业。

03
Chapter

人工智能，扩展知识的边界

3.1 打通产学研一体化“任督二脉”

在传统认知中，科研与产业是两个不同的方向。科研专注于技术理论突破，探寻自然的本质，通常会将问题理想化、抽象化，进而求得一个较好的解。但在实际生活中，我们面临的很多问题难以被抽象化，其影响维度非常多。

人类用科技改造自然、创造现实的过程非常复杂。在这个过程中，科研要先转化为技术，技术再转化为应用，最终应用催生产业。一直以来，我们不断寻找各种方法去加速这个过程，推动科技创新更快，让产业价值更高。

近十年，人工智能的飞速发展，让人们对产学研一体化的创新机制有了更多期待。与前几次科技浪潮相比，人工智能的创新速度明显更快，几乎每隔四五年就会迎来一次大的产业脉动。而创新加速背后正是“产”“研”的密切协同，这直接反映在大量科学家的创业潮上。从某种意义上讲，当前阶段的人工智能产业就是一门科学产业。

产学研一体化是什么？

1951 年，斯坦福大学教授弗雷德·特曼（Frederick Terman）正式筹划成立斯坦福工业园，缔造了世界首个集科学、技术、生产于一体的电子信息高校产业区，开创高科技产学研一体化发展模式的先河，为硅谷持续半个多世纪的风光奠定了基础。受益于斯坦福工业园，硅谷诸多企业和顶尖学府都对产学研一体化的价值有了深刻共识，并在该模式的引领下掀起了多轮科技浪潮。

产学研（Industry-University-Research）字面上分别指产业、高校和科研机构。产学研一体化即产业侧的企业与具有学术研究能力的高校、科研机构有机结合，在功能与资源上密切协同，搭建起技术、应用与人才培养之间的高效实现路径。

产业关注的核心是商业化、营利能力和标准化等，其优势往往在于拥有雄厚的资源基础（如大量计算资源、海量应用场景）和强大的工业生产、行业开拓能力，对市场需求敏感，能够在技术应用实践过程中及时、准确地发现问题和定义问题，为科研指引方向。

而科研需要具备培育技术、孕育突破的学术环境及人才，以深刻洞察和敏锐预判技术演进，一旦成功则有很强的杠杆效应。在知识社会的新环境下，科研侧不仅包括高校实验室，还包括企业自主建立的实验室、研究院等，如我们耳熟能详的贝尔实验室、微软亚洲研究院，都是企业为有效解决技术落地中的问题、探索布局前沿、提高产业长期竞争力而设立的科研机构。此外，还有一类是企业与高校基于优势互补而共同建立的联合实验室，如清华大学—阿里巴巴自然交互体验联合实验室、香港中文大学—商汤科技联合实验室等，其具有更具象的产学研一体化特征。

高效创新需要建立技术、人才流动的双向通道

在过去的几十年中，产学研一体化已经在很多行业和领域成功实践，出现了非常多的成功案例。然而，人工智能作为新一代生产力工具，对产学研一体化的依赖超过了以往任何行业。

当前，人工智能这门新兴技术的发展仍处于相对初级的阶段，大规模应用尚未迎来黎明。同时，这个阶段也是人工智能技术的快速发展期，整个产业尚未形成成熟、稳定的生态体系和明确的发展路径，呈现十分明显的不确定性。无论是技术方向、科研范式、产业协作形式还是应用模式，都没有统一的“确解”，也

没有历史经验可供借鉴。这与其他发展路径中已基本固定的科技行业存在很大差异，如芯片产业在性能、工艺上的进步主要取决于材料科学的持续攻关和突破，而现代医学的发展也已形成了相对明确的科室划分。

在人工智能发展面临“不确定性”的情况下，顶尖人才的作用就尤为突出。很多技术突破形成的潜在商业价值及一定时期内技术和商业的边界问题，只有顶尖人才可以准确把握。正因如此，过去几年很多科学家纷纷进入产业界，推动人工智能技术的商业化。例如，2014 年，谷歌斥资约 6 亿美元收购由顶尖科学家组成的 DeepMind，强化其在前沿 AI 技术领域的研发实力；2017 年，香港中文大学终身教授贾佳亚博士加盟腾讯优图实验室，负责计算机视觉、图像处理、模式识别、机器学习等人工智能领域的研究。放眼整个人工智能领域，来自学研界的顶尖人才进入产业界担任领路人的比例非常高。

此外，人工智能具有非常鲜明的“跨越性”特征，涉及的知识维度和科学命题非常广。从推动各行各业数字化发展所涉及的应用科学，到推动物理、化学、生物基础科研突破所涉及的自然科学，再到人才培养、伦理治理体系建设所涉及的社会科学，人工智能技术都在为其赋予新的创新动能、开创新的研究范式、开辟新的发展思路。

正是这种“不确定性”和“跨越性”，使我们需要在科研侧与产业侧之间建立更短、更紧密的创新协作路径，让人才、技术的交流更充分，打通科创生态核心要素流动的双向通道。

技术双向流动

对于传统的产学研一体化模式，创新通常是从“研”到“产”的单向过程。“研”所囊括的科研体系是前沿技术突破的重要源泉，也是“产”在技术创新上的重要支撑。

紧紧依托“产”的企业实验室和研究院，有效承担了用产品化思维、工程化思维推动研究成果快速转化为成熟商业产品的职责，其定义行业形态及加快技术应用进程。高校研究团队由于没有商业窗口的限制，研究空间更大，可以持续深入地做基础性和学术性研究，并借助“产”准确找到工业界的真实挑战，有针对性地为前沿技术发展提供更长期、更新的技术思路。

但在人工智能领域的创新链中，“产”和“研”尽管各有侧重，却并非相互独立，而是齐头并进、互补有无，其代表着算法、算力、数据等人工智能技术基础要素的双向流动过程。

位于“研”侧的高校和科研机构，通常拥有较强的底层算法开发能力，但算力、数据这些人工智能生产要素却往往是稀缺资源。相应地，位于“产”侧的企业，不仅拥有大规模算力设施，还能更高效地使用来自产业一线丰富的数据和场景资源。两侧合作，就能够形成良好的优势互补，加快技术突破。

在实际协作中，针对企业的一项技术命题，高校和科研机构的研究人员可以充分利用企业提供的算力、数据资源开展前瞻性研究，进行算法开发并不断试错。一旦通过可行性验证，便可推进应用转化。企业则可以将算法在实际应用中积累的新问题和产生的新数据反馈给高校和科研机构，让算法在算力的支持下持续迭代。这样形成人工智能要素的双向流动，将大幅提高新技术的研发、工程化应用和技术迭代效率。

下面来看一个具体的例子，随着 AR/VR、机器人、自动驾驶等应用的兴起，同步定位与地图构建（Simultaneous Localization and Mapping，SLAM）近年来非常流行，SLAM 是支撑 AR 得到广泛应用的关键技术之一。但由于缺乏合适的基准，行业应用很难从 AR 的角度定量评估各种 SLAM 系统的性能。2019 年，商汤科技与浙江大学联合发布业内首个面向 AR 的单目视觉惯性 SLAM 数据集和评测标准，既融合产业切实需求及应用经验，又充分发挥商汤科技研究院、浙江大学—商汤三维视觉联合实验室深厚的科研优势，为 SLAM 算法研究、产业端应用开发提供了重要评估和参考。

SLAM 是支撑 AR 得到广泛应用的关键技术之一

这项成果的产出，可以在移动端 SLAM 技术应用范围越来越广的趋势下，为 OEM 厂商、App 开发商和算法开发商带来多维度的评估数据。而不断拓展的应用场景产生的新数据，还能够对数据集加以补充。在这样的双向流动下，评测标准也得到持续更新和完善。

此外，从更长远的角度来看，人工智能学术研究对产业创新还有非常重要的“前哨”作用。学研界拥有独特的网络，研究人员可以借助该网络保持与整个学术生态的联系，及时了解各领域学科前沿信息。例如，要做智慧农业，一定是从学术研究开始，通过人工智能研究者与农业相关研究者之间的沟通和联系，进行交叉学科探索，而这往往是产业交流的前奏，预示着新产业机会的出现。

近两年，隐私安全、AI 换脸等问题引发社会上的广泛关注，对人工智能的发展构成潜在风险。2021 年 11 月 1 日，《中华人民共和国个人信息保护法》正式实施，对人工智能算法“含金量”提出更高要求。在法规和舆论的双重推动下，产业界已使数据安全、隐私保护方面的技术发展具有了非常高的优先级。如何快速解决产业界燃眉之急？需要充分发挥学研界的“前哨”作用。2016 年，学研界就开展了人工智能“隐私计算”相关研究。隐私计算是一种加密方法，可以在数据加密的状态下进行算法训练，在保护数据隐私的前提下解决流通、应用等数据服务问题。目前，不少专门发展隐私计算技术的企业已崭露头角，为人工智能在智慧医疗、智慧园区、智慧金融等领域的合规合法应用保驾护航。学研界前瞻布局和产业界实际需求的双向碰撞，正促进隐私计算的持续创新和大规模应用。

由上面的例子可以看出，与传统的产学研一体化相比，在人工智能领域，“产”和“研”的边界更模糊。随着人工智能技术要素在两者之间互补互进，“产”“研”侧的合作会不断加深，科研人才也将有机会游走在高校和企业之间，这将进一步带动人工智能专业人才的培养。

人才双向流动

在人工智能产学研一体化协作体系中，人才是非常重要的因素，技术和应用持续突破的关键基础是长线人才培养和人才支撑，实现人才在“产”“学”侧的双向流动是重要条件。

人工智能的核心是推动既有产业环节价值提升和结构再造，我们不仅需要顶尖的技术研发人才，还需要大量懂技术、懂行业，能将人工智能应用于百业的跨界型技术应用人才。2020年11月，国家工业信息安全发展研究中心发布的数据显示，中国人工智能人才缺口已达30万人，特别是复合型人才极为稀缺。因此，人才梯队建设无疑成为保障人工智能可持续发展的“百年大计”。

人才输送的主要通道是“学”，“学”一方面能够加速人才的双向流动，另一方面能有效缩小“产”“研”鸿沟。作为开展学术研究和培养人工智能算法研发人才的主阵地，高校中有大量在专业领域深耕多年的教师、教授，他们愿意灵活投身于产业化进程，走进企业、联合实验室[①]，指导企业完成技术开发，帮助产业降低试错成本，并利用实践经验为科研开启更多新视角。在这个过程中，各位教师还可以与企业的研究员一同发现行业中新的痛点问题，了解技术目前的应用瓶颈。这将帮助各位教师从中获得更多启发，将更具价值的研究课题带回高校，为科研工作打开新思路，开展更深层次的技术探索。

过去几年，很多原本出身于学研界，又在产业界历练多年、深谙产业创新的技术人才纷纷回归学研界，将各种先进的研发经验和创新模式反哺高校。例如，2019—2020 年，微软人工智能及微软研究事业部负责人沈向洋、百度总裁张亚勤，相继从微软、百度离职和退休，分别成为清华大学高等研究院计算机科学与技术双聘教授和清华大学“智能科学”讲席教授，开启了他们探寻超越商业的模式、培养下一代计算机科学领域人才的新阶段。

同时，高校可以通过建设和设置联合实验室、合作科研项目、

---

① 截至 2021 年年底，商汤科技共有 40 位教授引领研发工作，并与香港中文大学、北京大学、浙江大学、上海交通大学、中国科学院深圳先进技术研究院、澳大利亚悉尼大学等高等院校和科研院所合作建立了 10 多个联合实验室。

实践创新基地、协同育人项目、专项奖学金等多种方式[①]，从产业实践中吸收大量有价值的研究方向和数据，既能让学术研究更“接地气”，又能让从事科研工作的教师和学生真正了解人工智能技术如何解决产业界的实际问题，从而培养更符合产业需求的顶尖研发人才，以及兼具学术视角和产业视角的高水平复合型人才，建立人工智能从研究到应用的人才闭环。

国家政策也一直积极鼓励优秀人才“走出学研界，走进产业界”。2019 年发布的《人力资源社会保障部关于进一步支持和鼓励事业单位科研人员创新创业的指导意见》（人社部发〔2019〕137 号）进一步支持和鼓励高校、科研院所等事业单位聘用在专业技术岗位上的科研人员，依据《中华人民共和国促进科技成果转化法》开展科技成果研发和转化的活动。这是增强人才流动性，最大限度激发和释放创新创业活力的重要举措，有助于科技创新成果快速实现产业化，并转化为现实生产力。

可以说，人才的充分流动，将逐渐淡化学研界和产业界之间的边界，这是人工智能产学研一体化的必然趋势，也是培养人工智能专业人才的有效路径。也只有这样的双向循环，才能让人工

---

① 商汤科技面向国内高校人工智能相关领域本科生设立高额奖学金，旨在发掘、鼓励和培养国内人工智能领域优秀人才，2017 年首次设立，截至 2021 年年初，已资助 135 名 AI 领域优秀本科生。

智能领军人才在产业界充分释放技术积累的同时，不会使人才培养竭泽而渔。

凝成“产研叠加态”

产学研的紧密协同，可以使“发现问题、解决问题的闭环”不断完善，科技创新思路会在最短距离内变成产品，为产业持续注入科技竞争力，市场也会给出最直接的反馈，助力科研发展，有效增强技术和人才实力。

从当前的发展情况来看，人工智能对产学研一体化的需求之迫切已经超过以往任何产业。中国的企业和高校研发了大量世界一流的算法，并在广泛的应用场景中进行了实际验证。构建围绕人工智能的全新产学研一体化模式，将有助于中国产业界更好地发挥先发优势，保持长期活力和创新力。

当然，产业发展不会一帆风顺，我们还需要关注和解决很多实际挑战。正如前文所述，面对人工智能迭代速度快、需求更新快的特点，我们该如何建立高效的双向流动通道？一方面，应缓解学术研究和产业实践之间的时间错位，解决学术研究与工业需求难对齐的问题；另一方面，应确保高校人才在加入工业界有力推动学术成果转化和落地的同时，使其持续发挥所长，在进行突破性创新科研和人才培养方面持之以恒。

只有解决这些现实挑战，才能真正打通人工智能产学研一体化“任督二脉”。我们必须建立更科学和有效的“产”“研”协作机制，通过定期开展学术交流、资源和成果共享、科研访学、联合研发，以及共建联合实验室等，促进产业界与学研界紧密互动。

另外，产学研一体化需要不断汲取各种新技术、补充新的人才血液，以推进其正向循环，必须建立产业界与学研界共赢的生态。打造大量跨学科、跨地域的人工智能技术、学术人才交流平台[①]，突破既有合作发展模式和科研转化界限；积极鼓励、推动学术开源[②]，降低人工智能算法的复现难度，提高整个产业的算法创新和迭代速度，并减少重复投入，逐步形成多领域市场共用技术的

---

① 2018年，商汤科技联合清华大学、上海交通大学、香港中文大学、南洋理工大学等全球15所高校成立“全球高校人工智能学术联盟”，推动人工智能领域的国际学术与人才交流。

② 2019年，商汤科技与香港中文大学—商汤科技联合实验室共同开源OpenMMLab算法体系，涉及分类检测、识别分割，文字OCR、图像生成等10多个研究方向，开源超过上百种算法和数千种预训练模型，是国际上影响力最大的计算机视觉领域开源项目之一。

基础积累，提高学术研究效率，实现科技创新成果的应用扩散。

时代在快速发展，产学研协作的思路和模式也必将不断创新。2019 年 12 月，上海交通大学与商汤科技共同建立上海交通大学清源研究院，开展人工智能基础理论研究与技术创新，并致力于构建世界一流的人工智能科研与教学队伍，推动学研界与产业界的有机融合。清源研究院也成为上海交通大学历史上第一个与人工智能企业合建的研究院。

清源研究院代表了一种全新的产学研发展模式，其着重解决“产”“研”之间的科研同步与人才双向流动问题，并为此搭建了互通平台。该平台将以往企业和高校之间相对松散的产学研合作方式，整合为高效、灵活的协作体系，拥有完善的运作机制和配套设施，使企业和高校可以更快、更深入地相互渗透。

由于人工智能的学术研究不仅包括前沿技术探索，还涉及技术可持续发展中伦理治理、绿色低碳等议题，因此企业需要与高校中人文社科、法律、经管等专业的教师合作，共同开展相关技术应用规范研究。清源研究院为这些需求打造了一个“辐射全校”的窗口，可以快速构建企业研究团队和高校各实验室及各院系的有效连接。

清源研究院聚焦解决人工智能时代学研界和产业界的人才流动问题，打通研究人员从高校到企业或从企业到高校的发展通道。在研究院中，部分学者直接来自产业界[①]，这些既具备一定学术造诣，又有产业化实践经验的复合型人才，能够使最前沿的学术研究反流到高校中，并在这个过程中培养一批共同攻克产业难题的优秀人才。同时，当清源研究院中的教师有好的研究成果和产业化想法时，也有走到企业中的顺畅通道，成为项目负责人，把技术变为现实。

这种技术和人才双向结合、双向流通的“产研叠加态”，与以往主要由高校向企业单向输出人才的模式有很大不同，无疑使产学研的相互转化和激励路径变得更短了。

---

① 2019 年 12 月以来，商汤科技向清源研究院推荐了人工智能芯片、智慧医疗等领域的多位教授。

人工智能与传统科学相互促进、耦合发展

麻省理工学院名誉校长 Eric Grimson 教授

作为一门融合大量知识和学科的技术，人工智能不仅在工业应用中产出诸多成果，还深刻影响着科学领域的发展。一方面，传统科学创新持续推动人工智能技术发展趋于完善；另一方面，人工智能不断为传统科学带来新工具和新思路。

在 2019 世界人工智能大会商汤科技主题论坛上，麻省理工学院名誉校长 Eric Grimson 教授分享了麻省理工学院多个学科对人工智能和使用人工智能的多项新研究。Eric Grimson 教授总结道：人工智能是人类将对人类智能的理解作为发展指南的巨大创新，正帮助我们解决更多物理世界的基本问题，展现绚丽的科学之美。

自 1956 年“人工智能”一词被首次提出以来，“AI”就不是一个只能执行智能任务的计算系统，而是人类将对人类智能的理解作为发展指南的巨大创新。

观察过去 60 多年的人工智能演进，我们可以看到很多趋势。目前，主流的人工智能研究趋势是将现代神经科学和认知科学研究与人工智能研究结合。我们不禁会问，现代神经科学和认知科学对未来的人工智能算法有怎样的启发？

当前，基于深度学习的人工智能研究成果令人叹为观止，如 AlphaGo 击败了人类职业围棋选手、计算机可以比人更好地识别面部特征等。但是，这些系统往往需要数以亿计的训练样本和巨大的计算资源。相比之下，一个年幼的孩子却可以通过极少的例子进行学习或推理。

现代认知科学研究表明，人类幼儿的学习方式比我们以往认为的要复杂得多，幼儿学习不仅进行模式匹配，还进行探索并形成认知结构。麻省理工学院脑与认知科学系教授劳拉·舒尔茨（Laura Schulz）的研究表明，儿童经常创造与物体或情境相关的假设，然后通过观察或实验对其进行测试，并可以通过最终结果和因果关系进行归纳和概括。这种学习理论，尤其是从少数例子中学习的能力，为我们提供了不同的人工智能算法演进方法。

基于这个想法，麻省理工学院脑与认知科学系教授乔希·特南鲍姆（Josh Tenenbaum）做了一个不寻常的实验：从 50 个的稀有语种中挑选 1600 多个手写字符，每个字符只提供 20 个示例作为训练数据。尽管数据集非常有限，但实验结果表明基于贝叶斯程序学习（BPL）方法创建的机器程序，可以在字符识别与匹配方面达到与人类相似的精度，甚至超越人类。

这为人工智能的发展引入了一种非常不同的学习方法——只需要很少的数据，通过“观察—模拟”训练方式，使机器系统不断学习，从“新生儿”逐渐成长为一个“两三岁的孩子”。

除使用神经科学和认知科学来理解人工智能和机器学习系统及构建新方法之外，机器学习背后的数学基础也很重要。

许多研究结果表明，深度神经网络可能非常脆弱，如果训练数据能够很好地代表测试数据，那么深度学习系统会很可靠。但是如果用特定的干扰攻击系统，人工智能则可能被愚弄，对一个样本加入微小干扰就可能导致出现明显的分类错误。

那么，是否有一种数学上的合理方法可以创建更强大的系统？麻省理工学院电子工程和计算机科学系副教授亚历山大·马德里（Aleksander Madry）为了解决这个问题，以创建鲁棒性更强的分类器为目的，提出了博弈论方法。

这种方法的关键在于不仅要在真实数据上训练模型，还要在受扰动的样本上训练模型。在理想情况下，要针对所有可能的扰动进行训练，但因为其数量太多，这几乎是不可能的。通过实验，马德里观察到，在特征空间中选择有限数量的邻近点就足够了，因为损失函数的值在一个小区域内不会有很大变动。通过有选择地针对扰动进行训练，可以构建鲁棒性更强的神经网络。在标准数据集上的实验显示，该方法确实显著改善了分类系统的鲁棒性。

此外，除了考虑机器学习背后的科学，我们还要思考人工智能系统如何帮助传统科学领域解决一些问题。下面介绍两个例子。

麻省理工学院的材料科学家和计算机科学家共同创建了一个人工智能系统，可以阅读科学论文并从理论上“提取配方”，包括材料的物理特性及设计制造这种材料的方法，以生产特定类型的材料。同时，该系统可以识别更高级的模式，包括识别材料配方中使用的前体化学品与所得产品晶体结构之间的相关性。此外，该系统还提供生成原始配方的自然机制，研究人员可以通过这种机制为已知材料建议替代配方，这项研究工作在可再生能源中的应用尤为重要。

合成化学是一门艺术，通常由经验丰富的化学家完成。麻省理工学院化学工程系教授克拉夫·詹森（Klavs Jensen）团队通过创建一个预测结果框架，将传统的反应模板与灵活的神经网络模式识别结合，可以应用于药物设计等领域。

上面的例子展示了麻省理工学院的研究人员如何研究构成当前和未来人工智能系统基础的科学，以及这些系统如何帮助科学家回答有关物理世界的基本问题。在这样的过程中，人工智能会展现越来越大的魅力！

人工智能面临四大挑战

中国工程院院士、同济大学校长陈杰教授

陈杰教授是中国工程院院士，目前任同济大学校长，研究领域为控制科学与工程，主要研究方向是复杂系统多指标优化与控制、多智能体协同控制等。

在 2020 世界人工智能大会商汤科技企业论坛上，陈杰教授分享了他对人工智能发展现状的观察和研究，指出人工智能与生物智能之间的差距依然很大，目前人工智能缺乏在开放、动态、对抗和多任务环境下解决问题的能力。而要解决这些问题，我们需要聚焦人工智能基础问题的原创性、本源性突破，未来对人工智能的研究，可以重点关注三大方向，包括“主动感知与自主行为”“协同感控决策与智能涌现”“交互智能与博弈演进”。

未来，人工智能最重要的作用之一，是通过信息空间使物理空间和人类空间有机联系，为人类世界的变革带来新动力。

但是，在通往未来的路上，我们还面临一系列巨大挑战。

尽管当前人工智能发展已取得了很大成绩，但依然存在诸多局限。例如，无人驾驶还无法保证车辆行驶的绝对安全，两个机械手协同挤牙膏的难度大，机器人不能适应复杂环境、摔倒后无法站起等。

为什么会有这样的问题？最主要的原因是当前缺乏在开放、动态、对抗和多任务环境下的对人工智能基础问题的原创性、本源性突破。

可能有人会说 AlphaGo 和 AlphaGo Zero 已经战胜了人类顶尖选手，为什么还不行？这是因为它们主要在封闭集合、有限规则、结构化环境下完成单一任务。

如果在更开放、更动态、更对抗、多任务的环境下对比人与机器的区别时，就会发现 22 个足球运动员可以相互配合、竞技完成比赛，但机器和无人系统却无法完成。因此，我们需要借鉴人类智能发展人工智能的基础应用。

未来，人工智能需要解决四大挑战。

第一，当前的人工智能与生物智能有很大差距。例如，当乌鸦想吃核桃时，会把核桃放在马路上，让车轮压碎后吃到果仁。但汽车来回穿梭有危险，它又通过进一步学习发现规律，把核桃放到斑马线上，当汽车压碎核桃后遇到红灯，就可以大摇大摆地过去吃。这是乌鸦学习的一个重要过程，但机器还难以实现在如此复杂环境下的健壮和普适的机器智能。因此，如何借助生物智能行为研究实现复杂环境下的机器智能，是一项非常重要的挑战。

第二，在突变环境下实现智能协同。我们经常看到无人机群表演，非常精彩，但也常伴有事故发生。一个几百架无人机编程的飞控协同，当出现单机掉落情况后，整个机群可能在不到一分钟的时间内因受到干扰而出现紊乱。但是在动物身上，当羊群通过一个狭小空间时，却可以非常有序的交互，不会踩踏、不会相互碰撞，从而快速通过。因此，整体的智能协同指群体中的智能个体在需要高效协同、应对突发事件的情况下能够做出卓而有效的智能行为。

第三，人工智能在复杂环境下的脆弱性。未来，整个人工智能和无人系统都可能工作在非常复杂和存在多种干扰的环境下，届时其应变能力是否能满足要求？起码从目前的实际情况来看，其应变能力还非常有限，人工智能无法在多干扰环境下有效理解人类目的。

第四，人工智能的安全问题及可能对人类产生的伤害。此前，业界曾讨论过无人车在受到干扰或被黑客劫持的情况下怎么办。多智能体的某些漏洞的确容易被攻击，我们要设计鲁棒性更强的人工智能，确保其在长期自治和复杂的环境中具有防欺骗性和更高的安全性。

如果有一天我们跨过这些挑战，未来人工智能将会是怎样的？

未来人工智能在训练数据、核心能力、本质安全、学习机制、泛化能力、可塑性、协同性，以及单体功耗上都会有很大提升。无论是个体的人工智能，还是群体的人工智能，都将具有学习、普适、健壮、自主进化、协同的主要特征，以更好应对开放、动态和充满对抗环境下的多任务。

接下来，“个体智能的自治发育”“群体智能的协同涌现”和“群组智能的交互演进”，将是我们需要重点关注的三大科学问题，其将引出未来科学研究的三大方向，包括“主动感知与自主行为”“协同感控决策与智能涌现”“交互智能与博弈演进”。

未来，机器将与人类和谐共生，机器人可能与人手拉手默契地一起过马路，有人驾驶的汽车可以和无人驾驶的汽车同路行驶……人、机、物三元共融，人工智能进入一个新时代。

人工智能之源与赋能之远

中国科学院院士、深圳大学校长毛军发教授

毛军发教授是中国科学院院士，2018—2021 年任上海交通大学副校长，现任深圳大学校长。毛军发教授的研究方向是射频与高速集成电路，涉及一些人工智能算法的应用。

在 2019 世界人工智能大会商汤科技主题论坛上，毛军发教授从物理学角度畅谈了对人工智能的思考：当前，人工智能以数学为核心工具，从数据中通过算法归纳出规律，但人工智能的核心机理还不是很清晰，需要深入探索和研究。在人工智能的精度和广度方面，数学非常重要；而在人工智能的本质与极限探索方面，物理学、生物学、哲学等可以发挥关键作用。

近代，人类社会经历了 3 次重大技术革命，且正进入第 4 次技术革命。第 4 次技术革命有两个核心技术需求：一个是以 5G 为代表的高速信息无线传输技术；另一个是人工智能。尽管不同专家学者对人工智能的描述可能不完全相同，但核心内容基本一致，即人工智能是能够模拟、延伸和扩展人类智能的理论、方法、技术及应用系统，物化后就是可以实现甚至超越人的部分劳动的机器，具备人的部分智能和功能。人能说、听、看、行、学、思等，人工智能的目标是使机器也具备这些能力。

人工智能听起来很高级、很神秘，其实不然，我们可以从人工智能的形成过程来分析。人工智能针对一些具体的应用场景，如翻译、防疫、医疗、监控、交通等，这些场景涉及图像、声音和文字等不同形式的信息。目前的人工智能要依靠计算机，而计算机只能处理和存储数据，对图像、声音和文字无法直接描述和表达。因此，要先将这些信息变成数字，得到数据；再利用一些算法（如深度学习算法），通过计算机从这些数据中归纳、总结出一些规律（往往是统计规律）或做出判断，这些规律或判断就是人工智能，如果通过物理方式加以表现和应用，就能得到具有相关智能和功能的机器，如语言自动翻译机、高速公路 ETC 系统、CT 识别设备、无人机等。

从此可见，人工智能并没有想象得那么神秘，其产生方式和表现形式都很直观。事实上，虽然人工智能的学术概念被认为是

1956年才提出的，但人类自古以来就利用我们现代所讲的“人工智能”手段解决生产、生活中的实际问题——通过大量经验（相当于数据）总结得到一系列规律。当然这样的规律只是统计规律，所以会存在一定的偏差，可以将其理解为一种原始的、朴素的人工智能。从诸葛亮发明的木牛流马、江南水乡将低处的水汲往高处的龙骨水车，到现在的汽车代步、计算机存储和计算，都可以看作自发的人工智能应用案例，只是其先进程度不同。

从人工智能的形成过程来看，影响人工智能的因素有3个方面。

第一，数据质量。信息在数字化过程中会产生一些误差。例如，根据RGB颜色标准，用数字0～255表示颜色，则在相似颜色的数字化过程中，传感器的实际取值会产生误差；通过传感器对语音进行数字化，也会产生误差。这些误差都会影响数据质量，进而影响根据数据归纳得到的规律的准确性。

第二，算法性能。主要涉及模型精度和效率。

第三，计算能力。由于人工智能使用的数据量往往很大，对计算机内存和计算速度的要求很高。因此，数据、算法、计算机被称为构成人工智能的三要素。当然，在人工智能的物化过程中，涉及的材料、元器件、芯片与系统集成等硬件因素也会影响性能。需要指出的是，形成人工智能的前提条件是数据之间的确存在关联，否则无论用怎样先进的算法和计算机也找不出规律，产生不了智能。

当前，人工智能主要依靠数学工具，基于算法和计算机编程实现。主要的数学工具包括线性代数、矩阵理论、统计学工具等。从数学的角度来看，可以将人工智能理解为找出反映某种关系或规律的函数（利用已有数据的映射关系寻找函数），然后利用该函数给出新的数据映射。这显然是数学的一个重要分支——泛函所要解决的问题，因此泛函的许多成熟研究成果应该可以用于人工智能的算法研究。与以前的得到统计规律的人工智能算法不同，泛函表达的是解析规律。

目前，人工智能的本质与机理尚不清晰，我们只知道它好用，却不知道它为什么好用，因此有人说人工智能只是一门技术，还没有上升到科学的高度。需要建立物理模型去分析、认识不同算法之间是否具有共性，以及统一的特征或规律，从而认识人工智能的本质。物理学家除了把图像等信息载体变成数字、把算法规律物化，是否还能发挥更实质的作用？我们知道通信领域的香农定理，香农定理描述了通信速率受物理带宽和噪声的限制，那么人工智能是否有极限？极限在哪里？人工智能受哪些因素的影响？人工智能的能力与消耗的资源（如数据、功耗等）有什么联系？相信这些问题从物理学甚至生物学角度能够得到更精准可靠的回答。

关于人工智能，我们还可以进行一些哲学思考。当前，脑科学与类脑科学被认为是未来人工智能的重要源泉，通过认识人的记忆、思考、推理、情感，并通过利用脑机接口或采用算法再现等手段使机器具备更多人的智能。但是，从哲学的角度来看，人类研究、认识自己的大脑，存在自我封闭循环的问题，我们究竟能对人脑认识到什么程度？这很像一个人拎着自己的头发，脚能否离开地面的问题。

以上是关于人工智能之源的一些思考，下面探讨人工智能的赋能之远。

实践表明，人工智能在有数据、有规则的地方都可以发挥作用，而且预计在边界比较清晰、规则比较明确的应用场景中，人类有一天会被机器打败，AlphaGo 在围棋比赛中战胜人类围棋世界冠军就是一个典型案例，除了人工智能自身能力，其不存在体力和心态问题、不会累、不会紧张，也是其获胜的重要因素。近年来，人工智能如此热门，AlphaGo 的杰出表现功不可没。这件事也给我们的科普工作带来启发，即科普一定要抓住大众的兴奋点和关注点，这比喊再多的口号、做再多的宣传都管用。

除了大家熟知的机器翻译、人脸识别、智慧医疗等应用，人工智能在教育领域也大有可为。例如，有一款机器人于 2017 年首次参加数学高考，十分钟交卷，考了 105 分（满分 150 分）；这款机器人于 2018 年再次参加，考了 136 分，这个分数与考上清华大学的考生分数相当。这意味着传统教育方式可能会发生变化，如果请家教，机器人家教可能会做得更好。人工智能还可以将教师从目前比较繁杂的重复性劳动中解放出来，如一个班几十位学生的作业批改很费时间，而机器在很短时间内就可以完成，教师可以节省时间，将更多精力用于完成教学创新工作。人工智能对教育最深刻的影响是将教育从目前以教师为主转变为以学生为主，实现智能化、个性化教育，改变当前的被动学习模式。人工智能可以为每位学生制定个性化培养方案，因人施教。

艺术也是人工智能的一个重要应用领域，尽管这个领域的规则和评判标准不是十分明确和客观。2018 年 10 月，佳士得拍卖了一幅人物肖像画《艾德蒙·贝拉米肖像》，成交价为 432500 美元。这幅画是由法国艺术团体 Obvious 通过精密算法，基于生成式对抗网络模型创作出来的。画的右下角有一个神奇的签名，那是作品的作者——一串算法公式。

上海交通大学校友商汤科技联合创始人、首席执行官徐立博士用人工智能算法画出了上海交通大学正门并送给母校。“喜欢是什么做成的，太阳、花粉和所有苦涩的回忆”这句有一点诗意的话，也是人工智能的作品。

可以说，人类社会的各方面几乎都在进步，后人可以踩着前人的肩膀发展并超越前人，但有些方面例外，后人在这些方面难以超越前人，如书法。今天的书法爱好者不敢说自己的字能媲美王羲之，但机器可以，因为机器能再现王羲之的作品，还能在原作品的基础上进行继承和创新。

上海交通大学正门

除了上述应用，人工智能至少还可以拓展到以下 3 个应用场景。

首先是智慧科学。目前，人们已经掌握了大量的科学数据，发现了很多科学规律。能否让人工智能利用这些数据和规律来演绎、发现新的科学规律？这就是智慧科学要完成的任务。相信对于一些重大疾病，如心脑血管疾病、艾滋病、癌症等，未来都有可能通过智慧科学发现可信的成病机理并找到有效的治疗方案。

其次是智慧宇宙学。宇宙中有多少个星球？它们从哪里来，将到哪里去？借助人工智能从已掌握的海量星球数据中寻觅，我们或许能够发现新的星球，甚至解开宇宙的奥秘。

最后是智慧人类学。在这个世界上，人类最复杂。人类历史上有很多民族、很多国家，为什么有些民族、有些国家消亡了，而有些则能够生存下来并发展壮大，特别是我们中华民族能够屹立在世界的东方，绵延至今。其中是不是有什么规律？相信这与地理、环境、气候、饮食、文化、传统、种族等因素都有十分复杂的关系，应该可以用人工智能进行分析，帮助我们更好地思考和探寻人类的发展和未来。

这样看来，人工智能似乎无所不能，甚至有人预测机器将主宰未来世界。但果真如此吗？我们认为人工智能的能力是有限制、有限度的，它不是万能的，只是人的一种（越来越先进的）工具。问题是这个限度在哪？

具体而言，人工智能或机器在单一指标上可以超越人类，如下围棋可以战胜人类围棋世界冠军，汽车可以跑得比人快，计算机可以算得比人快。但是，人可以同时会下围棋、跑步、计算，会唱歌、跳舞、弹琴，特别是有喜怒哀乐、经历悲欢离合，有思想、有灵魂，相信任何一台机器都不可能同时具备这些能力。因此，从综合指标来看，人是机器的上限或极限。即使对于单一指标来说，人工智能也有局限，如机器将中文翻译为英文，很可能将“我吃食堂”翻译为“I eat canteen”，对“夏天能穿多少穿多少，冬天能穿多少穿多少”的翻译就会更加无能为力，更不用说翻译我国奇妙的唐诗宋词了。

顾名思义，人工智能是人工的，而人的智能是天然的，或者说是经过几十万年漫长岁月进化而来的，两种智能（人工智能与人的智能）的区分在某种程度上像人造钻石与天然钻石的区分，或者人造肉与天然牛羊肉之间的区分。因此，可以认为人工智能的发展方向是“类人智能”。但换一个角度来看，人工智能又有点名不副实，因为人工智能其实很“笨”，实现一项功能所需要学习的次数、所花费的代价远远超过人类，如前面提到的 AlphaGo 学习了世界上 1500 个高手对局的棋谱，且消耗的能源惊人；《艾德蒙·贝拉米肖像》则是机器在学习了 14 世纪至 20 世纪的 15000 张肖像画后创作的。

我们都知道人与动物的本质区别是人可以利用工具，人工智能也是人的一种工具。但从某些方面来衡量，很多人按部就班、忙忙碌碌，越来越像机器，而机器则在不断学习（相当于人在不断进化）、不断完善，从“形”到“神”都越来越像人。那么，未来人与机器的本质区别是什么？这个问题需要我们深思。

让生物智能启迪人类智能、人工智能

诺贝尔化学奖得主 Michael Levitt 教授

作为国际著名生物物理学家、计算生物学先驱，Michael Levitt 教授是最早对 DNA 和蛋白质进行分子动力学模拟的研究者之一，因开发预测大分子结构的方法而闻名于世。2013 年，凭借在复杂化学系统多尺度模型方面的突破性工作，Michael Levitt 教授获得了诺贝尔化学奖。

Michael Levitt 教授十分重视技术对科学研究的巨大推动作用，他在出席 2021 世界人工智能大会商汤企业论坛时提出了一个看法：利用生物学原理“自组装”而成的人体的复杂度远超最精密的机器，可以说生物智能才是终极智能。生物学是每个期待用人工智能解决全球性问题的人所需要发现的秘密。

过去，由于没有足够算力，人们应用人工智能总会受到限制。如今，计算机性能已增强成千上万倍，为人们使用人工智能提供了良好基础。不过，我们或许可以换个角度，把重点放在地球最伟大的智慧上——不是人类智能，也不是人工智能，而是生物智能。

生物存在于世界各个角落，生物学是万物运作的秘密。利用生物学原理“自组装”而成的人体的复杂度远超最精密的机器，可以说生物智能才是终极智能。因此，实际上存在一个三元组，{生物学, 人类, 计算机}，我们需要做的就是找到一种方法去解这个三元组，让生物智能启发人类智能，乃至人工智能。

生物在本质上是一个学习的过程——通过“创造现实”进行学习。“现实”由 DNA 中的信息构建，被现实世界检验。如果成功了，特定的序列信息会被反复强化。因此，在很多情况下，我们可以将学习的过程看作一个强化反馈的循环，循环中的信息以数据形式存在，当信息得以结构化时，所映射的就是对三维世界的感知。

信息的结构是万物做出某种行为所获得的反馈，必须将信息转换为某种生物能够感觉到的东西，该过程就像一套程序的目标是驱动一辆汽车行驶。生物使用信息的方式也如此，这也表明生命中的一切都是三维的，信息在 DNA 中是三维的，蛋白质的结构是三维的，人类依靠蛋白质结构对世界的感知也是三维的。

生物学到底可以为我们带来哪些启发？最直接的是有助于解决社会问题。人体中大约有200种不同类型的细胞，每个细胞都是利己的，但它们却能在人体中和谐共处。科研人员至今不知道这是如何发生的，但可以借鉴或学习其中的机制，运用于城市管理。如果我们能更深入地洞察其中的原理，就有可能更好地治理国家、处理国际关系。因此，生物学是每个期待用人工智能解决全球性问题的人所需要发现的秘密。生物学宛如外星智慧，它不由人类创造，不局限于人类自身。

那么，生物学带给我们最重要的道理是什么？

众所周知，进化是生物学非常重要的力量。但是，很多人都会犯一个错误，认为进化就是适者生存。而借助生物学研究，我们认识到适者生存不可能成功。

以细菌这种最原始的生命形式为例，最好的细菌会把所有基因传给它的后代，后代得到基因的精确复制，如果未来保持不变，就是适者生存，但这其实不怎么奏效。

20亿年前，大自然决定创造一种与众不同的机体——真核生物。更重要的是，这是一个利用有性繁殖的有机体，即使是单细胞生物，也存在“雌性”和“雄性”之分。例如，酵母菌虽然在显微镜下看起来很像细菌，但却比细菌先进得多。因为有两种不同“性别”的酵母，它们结合在一起不是把最好的基因传给后代，而是充满随机性、多样性的，能够最大限度地扩展真核生物生命的边界，这正是推动进化的一项重要原则。

数十亿年后，细菌仍然存在，但细菌依旧低能，因为它们没有利用多样性。反而是人类这样的有机体能够做出更复杂、更多样的行为。因此，生命的秘密在于遗传层面的多样性，再加上行为层面的多样性。其实不是适者生存，而是多样化者生存。

为什么会如此？因为未来不可预测。我们不知道未来会给人类带来什么，大自然亦是如此，唯一能确定的方法就是尽可能实现多样化。

就像优秀的投资家不会只买比特币，还会投资人民币、投资美元，会做出非常多元的投资组合，这才是生存之道。多样化者生存，不仅对个人非常重要，对组织来说也异常关键。我们应该有很多与自己不同的朋友，“气味相投”很可能会让我们什么也学不到。一家公司的董事会甚至应该由很多相互“看不惯”的人组成，他们观点迥异而不是相互苟同，总是轻易达成的一致所累积起来的决策判断一定是单一而匮乏的。一个好的组织必须拥有最大的“熵”，我们要选择一个总体稳定而不是最稳定的系统，它一定是非常多样的。

未来，世界面临的不只是全球变暖等问题，人类需要从根本上消除贫困、遏制疾病，解决大量最基本的需求。而通过结合生物智能、人类智能和人工智能这 3 种学习形式，更有机会解决这些问题，为世界带来更美好未来。

3.2 人才培养与大众“智能化思维”

决定一门新兴技术未来发展的核心因素是“人才”，只有更多人不断对其进行研究、使用、打磨，这门技术才能持续完善和进步，才能更好地为人所用。那么，发展人工智能具体需要什么样的人才？我们应遵循怎样的人才战略？

前面提到人工智能产业发展急需顶尖技术研发人才和大量复合型技术转化人才，以快速解决人工智能发展初级阶段的技术突破与商业化落地难题。借助人工智能的产学研一体化联合培养，虽然我们已经初步建立了一条路径，能够在一定程度上补充和维系位于“金字塔”上层、助力推动前沿研究的专家型人才，但是这远远不够，我们需要更大的人才分母。一方面，要积蓄更多中坚力量填补依然巨大的人工智能技术人才缺口，让金字塔的中层更坚实；另一方面，要重点推动各行各业懂人工智能、乐于使用人工智能做创新的大众化人才培育，加速技术在更大范围的应用普及。因此，我们需要仔细审视对人工智能“人才”的定义和规划，确保人才引擎能够精准地驱动技术持续演进。

“智能化”使人与工具的关系发生巨变

人才无定珍，器用无常道。技术和社会的发展对于人才的需求一直处于动态变化中。20世纪90年代，人们经常问：21世纪最需要什么样的人才？当时大家认为“会用计算机、会英语、学生物技术”是正确答案，即使很多人其实不知道“会用计算机”具体指什么，要会用到怎样的程度。

2000年后，随着家用计算机的普及，有不少人学会了用计算机——一些人选择职业路线，进入自动化、计算机等垂直专业熔炼，成为熟练掌握计算机基础原理的硬件工程师、程序员等高新技术人才；还有一些人则凭借浓厚的兴趣爱好，自学钻研计算机的各种使用技巧，被大众亲切地称为“计算机高手”。在各路“计算机高手”的带领下，越来越多的普通用户学会了安装软件、处理信息和网上冲浪，通过计算机提高工作、生活效率。这时，人们也逐渐意识到，至少在日常使用这个维度，“会用计算机”已经不再适合作为“人才”的标准，而是成为一项大众化的基本技能。

计算机是一件计算能力远超人脑的工具。人类使用这件创新工具，首先要面对的问题是如何与其沟通和下达指令。无论是复杂专业的编程语言，还是简单易用的输入法，归根结底都是人类需要学习的一种与机器交流的方式或语言，目的是将人类总结得到的各种结构化规律有效传给计算机，使其更高效地自动完成信息处理和输出。

在人类使用计算机的过程中，需要学习的语言越复杂，对人的要求就越高，越不利于技术的应用扩散；反之，语言越简单自然，个体的学习成本就越低，越有利于推动技术普适化和通用化发展。因此，我们可以从电子计算机的发展过程中看到一个非常明显的变化。20 世纪 90 年代，大众刚开始接触计算机时需要学习 DOS 命令，背记很多命令词，连常规的磁盘操作都很繁复；而在 Windows 图形化操作系统大规模应用后，只需要使用鼠标和输入法就可以方便地操作，我们快速进入了无纸化办公和即时通信的信息时代；后来，智能手机出现，移动计算渐成主流，触屏式操作界面大行其道，语言指令、生物特征识别等更加简单易用的人机交互方式相继问世，并被大众迅速接受和掌握，语音输入、人脸识别解锁等人工智能应用快速普及。计算机这件工具的不断进化，让广大使用者与它的沟通语言越来越朝着符合人类自然语言的方向发展，而在这个过程中，技术渗透率不断提高。

语音输入、人脸识别解锁等人工智能应用快速普及

计算机已能准确理解人类的语音、肢体语言、面部语言，更好地为人类服务。在这种人与计算机交互方式的改变背后，关键因素是使机器拥有了学习的能力。无论是从数据中学习、从经验中学习，还是从规则中学习，人们都热切期待计算机的能力更强、应用范围更广。因此，我们不满足于手把手地将人类总结的、有限的结构化规律和知识传给计算机，更希望将人类的智慧赋予机器，打造全面超越人脑的工具，甚至以超出人类现有认知和理解边界的方式，帮助我们探索世界。

今天，我们已经可以非常自豪地说机器发展出了一定的智能，并在很多垂直领域或单向智能上超越了人类。虽然与通用智能还有很大差距，但这预示着人类与工具之间的关系正发生深刻变化。

在基于人工神经网络的深度学习取得突破之前，人类与计算机工具之间通常是一种“主”和“从”的关系，即任务和规律由人定义，计算机自动执行。但未来随着机器智能在越来越多领域超越人类，计算机将作为另一个智能体，与人类形成一种更密切的协同关系，甚至会重塑人类现有主流思维框架，影响人类智能进化方向。

“智能思维”引发人才培养与教育范式变革

演绎和归纳这两大普适化思维方式，是人类智能进化取得的非凡成就。

演绎是由一般到特殊的推理方法，“一般”指一般性、普适性，如我们定义的公式或定理；“特殊”则具体到某个例子。结论的产生就是根据一般性原理对特殊情况做出判断，数学、物理等学科主要遵循该思维方式。

与演绎相对应的是归纳，指从特殊到一般、从个别到普遍的推理。主要通过大量的实验和观察，由一系列具体事实概括出一般规律，如著名的孟德尔豌豆实验。在化学和生物学中，归纳是常见的思维方式。

长久以来，在人才培养过程中，我们大多注重对演绎和归纳这两种思维方式的训练。但是面对人工智能，我们需要转变思路。人工智能完全是一种新模式，尽管目前人工智能主要依靠监督学习，但随着多种学习方法的日益成熟，通用性越来越强的机器智能将越来越不需要由人类定义和总结规律，同时其摸索、训练出的规律（算法）也不对人类完全“可见”。借助强大的机器智能，人类所要做的就是将各类数据提供给机器，由机器处理并直接输出结果，以解决各类场景问题。

这是一种完全不同的“智能思维”方式。我们无须推演、归纳，只要知道需要哪些数据、怎样清理和使用数据及可以选择哪些算法模型，并将数据交给人工智能，就能获得一个结果。这个结果并非是100%的“确解”，而是一个存在概率的解，如机器智能对某个物体的识别准确率为 99.99%。概率更接近对自然与社会本质的描述，人类对世界的认知精度将会提高。未来，随着这种全新思维方式的深入发展，数据和算法模型都将成为人类发展的重要知识工具，引发人才培养与教育范式变革。

“任务制”教育方式

“计算机普及要从娃娃抓起”，儿童阶段是学习语言的最佳时期。现在，我们可能经常看到一些小朋友，虽然不识字、不会用拼音输入法，但却掌握了一些与计算机沟通的方式，如能够借助智能手机语音助手把自己的需求传达给机器，从而搜索到自己想看的内容或信息。

因此，人工智能教育的理想方式，也可以像儿童学习语言那样，不一定先从语法开始，可以先在实践和应用中锻炼思维，通过各种具体的使用场景，发散式学习知识，逐步掌握其背后的规则和逻辑，最终形成知识结构。

我们现在的教育体系，不管是小学、初中、高中、职业教育，还是高等教育，采用的都是延续了数十年的学科制，数学就是数学，物理就是物理，哲学就是哲学。但是，面向未来，学科制是否还是最适合的培养人才的方式？任务制会不会更好？这些问题在教育界有广泛讨论。

任务制是一种跨学科的教育方式，以发现、解决实际问题为出发点，非常适合推动人工智能教育。例如，我们可以设置人工智能医疗课程，其中必然涉及大量医疗方面的基础知识，也会接触计算机视觉的图像检测、分割等算法知识。任务制人工智能教育会自然而然地将科学、技术、工程、艺术、数学等以分学科的方式融合，让学生进行综合性学习和体验。这非常有利于培养行业急需的人工智能工程人才和技术应用型人才，构建覆盖多领域、全产业链的人工智能人才体系。

人工智能人才培养是一个漫长的体系化过程

人才培养绝不是一朝一夕之事。作为目前最前沿、面向未来的实践教育，人工智能教育需要面对学生、家长、老师、学校和教育主管机构等多个层级，其改变一定是一个体系化过程。

目前，随着人工智能技术创新和应用价值不断冲击人类认知，社会各界都对人工智能有较强关注，对其重要性有深刻认识。2021年3月，教育部公布“智慧教育示范区”创建项目名单，在北京市海淀区、天津市河西区、江苏省苏州市、浙江省温州市、安徽省蚌埠市、福建省福州市、江西省南昌市、山东省青岛市、广东省深圳市、四川省成都市华西区开设人工智能教育课程和实验项目，应对教育科技的“零点革命”[①]；清华大学、上海交通大学、浙江大学等高校也相继设立人工智能班或人工智能对口院系，积极优化科技创新体系和学科体系布局。截至2021年年底，全国开设人工智能专业的高校已超过300所。与此同时，广大家

---

① 教育部明确“教育信息化2.0”行动计划，并具体指出人工智能将引发“零点革命”。人工智能可能成为一个新的革命起点，教育方式也将迎来百年未有之大变革。

长和学生也对人工智能表现出极高热情，人工智能专业连续几年蝉联高考志愿热门专业第一名。

智能时代，人工智能教育已经蓄势待发，我们将迎来从“工业化教育”向“智慧型教育”的全面转型。但是，我们还是缺少最重要的人才，不只是顶尖的硕士和博士，还有能教人工智能的中高级教师。当前，开展人工智能教育最大的挑战是师资力量，因为在学科制教育下，教师也都是通过学科制培养出来的。其面对一项全新的技术，在从没有接受过相关培训的情况下，很难快速构建形成知识体系。因此，这将是未来需要花很长时间去耐心推动的一项工作，至少未来5～10年，依旧是人工智能教育或人工智能相关学科教育的爬坡期，需要师范类院校、教育机构、人工智能企业①等共同努力。例如，商汤科技参编《人工智能基础（高中版）》《人工智能入门》等教材。

学习的最终目的是解决问题。

人工智能教育的目的不是让每个人都成为人工智能专家，而是使每个人在未来的工作和生活中都能拥抱人工智能，让它真正

---

① 截至2021年10月，商汤教育已在全国30多个城市为超过2700所中小学引入人工智能课程，并为超过7200位教师提供最新的人工智能相关培训。

成为创造价值的工具和能力。

商汤科技参编《人工智能基础（高中版）》《人工智能入门》等教材

被人工智能理念和思想武装起来的人才将进入各行各业，他们会了解每个行业的知识，帮助行业与人工智能结合，扩展人工智能的应用边界。

围绕知识点加强人工智能人才培养

浙江大学上海高等研究院常务副院长、浙江大学
人工智能研究所所长吴飞教授

吴飞教授是浙江大学上海高等研究院常务副院长、浙江大学人工智能研究所所长，他的主要研究领域为人工智能、多媒体分析与检索、统计学习理论。2015 年至今，吴飞教授先后参与了中国科学技术部、教育部和中国工程院等有关人工智能规划编制和学科专业建设方面的大量工作，并于 2021 年出版数字科普读物《走进人工智能》。

在科学研究、教书育人、社会服务和规划建议等工作中，如何向非计算机专业人士（特别是青少年）介绍人工智能，让他们可以不费力地从这门前沿科学的技术思想与方法体系中受益，是吴飞教授一直深入研究和探索的问题。吴飞教授认为：人工智能人才培养一方面要体现专业性，另一方面要体现交叉融合，同时要以“九层之台，起于累土”的意识来重视人工智能的科普教育。

人工智能是一种与内燃机和电力类似的“使能”技术，具有强化其他领域技术的潜力，天然具有与其他学科交叉的属性。从这个意义上看，人工智能可谓“至小有内涵，至大可交叉”。因此，人工智能人才培养一方面要体现专业性，另一方面要体现交叉融合，同时要以“九层之台，起于累土”的意识来重视人工智能的科普教育。下面从知识点的角度阐述人工智能人才培养之要务。

人工智能专业教育有哪些知识点？为了规范计算机课程的教学，美国计算机协会（Association for Computing Machinery，ACM）于1968年和1978年分别发布了计算机课程体系Curriculum 68和Curriculum 78。1985年，ACM和IEEE计算机协会（IEEE Computer Society，IEEE CS）针对计算机课程体系成立了一个工作组，以共同制定计算机课程体系。该工作组每隔10年左右发布一个新的计算机课程体系，目前已经发布了Computing Curricula 1991、Computing Curricula 2001、Computer Science Curricula 2013等。

1968年，ACM首次发布的计算机课程体系Curriculum 68强调算法思维，认为算法的概念应与程序的概念清晰区分开，并强调了数学知识的教学（如微积分、线性代数和概率论等）。在1968年发布的计算机课程体系中，人工智能与启发式规划（AI，Heuristic Programming）首次出现。可以看出，人工智能知识点在首个计算机课程体系中就已经出现了，且从未缺席。

ACM 和 IEEE CS 发布的 2001 年、2013 年人工智能知识点

13 个人工智能知识点（2001 年）	12 个人工智能知识点（2013 年）
智能系统基本问题 Fundamental Issues in Intelligent Systems	（智能）基本问题 Fundamental Issues
搜索与优化方法 Search and Optimization Methods	搜索策略基础 Basic Search Strategies
知识表达和推理 Knowledge Representation and Reasoning	基于推理的基础知识 Basic Knowledge Based Reasoning
学习 Learning	机器学习基础 Basic Machine Learning
智能体 Agents	高级搜索 Advanced Search
计算机视觉 Computer Vision	高级表达和推理 Advanced Representation and Reasoning
自然语言处理 Natural Language Processing	不确定下推理 Reasoning Under Uncertainty
模式识别 Pattern Recognition	智能体 Agents
高级机器学习 Advanced Machine Learning	自然语言处理 Natural Language Processing
机器人学 Robotics	高级机器学习 Advanced Machine Learning
知识系统 Knowledge-Based Systems	机器人学 Robotics
神经网络 Neural Networks	感知与机器视觉 Perception and Computer Vision
遗传算法 Genetic Algorithms	

在 Computer Science Curricula 2013 中，人工智能知识点包括 12 个，分别是（智能）基本问题、搜索策略基础、基于推理的基础知识、机器学习基础、高级搜索、高级表达和推理、不确定下推理、智能体、自然语言处理、高级机器学习、机器人学、感知与机器视觉。

可以看出，人工智能知识点逐渐明晰。2013 年的计算机课程体系明确指出，人工智能是一门研究“难以通过传统方法解决的实际问题”的学问，其通过非传统方法解决问题，需要利用常识或领域知识的表达机制、分析能力和学习技巧等。因此，需要研究感知（如语音识别、自然语言处理、计算机视觉）、问题求解（如搜索与推理）、行动（如机器人学）及支持任务完成的体系架构（如智能体和多智能体）。

科技发展的事实已经表明，重大科技问题的突破、新理论乃至新学科的创生，常常是不同学科理论交叉融合的结果。学科之间的交叉和渗透在现代科学技术发展历程中推动了链式创新。利用不同学科之间的内在逻辑，使学科之间相互渗透、交叉融合，可以实现科学的整体化，形成知识生产的前沿动力。学科交叉正成为科学技术发展的主流，不断推动科学技术发展。

人工智能天然具有与其他学科交叉的属性。一方面，神经科学、认知科学、脑科学、物理学、数学、电子工程、生物学、语言学等方面的研究不断推动人工智能研究进步。例如，通过对大脑观测、理解和分析，抽取对人工智能有启发的神经网络结构和大脑机制，推动类脑计算深入发展；数学和控制领域的动力学研究进展推动群智涌现和协同对抗等群体智能研究的发展。

另一方面，人工智能推动基础科学研究不断深入。科学研究的两大基本范式分别是以数据观测为核心的实验科学和以发现物理世界基本原理为核心的理论科学。继计算仿真和数据建模后，人工智能与科学研究相互结合可以对刻画物理世界的复杂方程进行求解，如预测化学反应中分子之间微观运动、揭示大气中湍流变化规律等，从而构建基于人工智能的科学研究新范式，结合机器智能处理能力和人类发明发现的能力，系统化解决现实中存在的复杂问题。

2018 年，国家自然科学基金委员会增设了 F0701 教育信息科学与技术代码，将自然科学研究范式引入教育研究，希望通过自然科学基金项目资助部署，广泛吸引不同领域的科学家开展多学科交叉的基础研究，破解人类学习认知机理、知识资源生成、个性化导学机制、人机混合评价等教育创新发展中亟待解决的关键科学问题；2019 年，中国科学技术部启动智慧教育国家新一代人工智能开放创新平台建设；2022 年，中国科学技术部批准立项新一代人工智能科教创新开放平台建设。

中小学基础教育阶段是培育人工智能思维、建立人工智能理念的重要阶段。那么，中小学人工智能学习的知识点应该有哪些？我们可以从中美两国的教育课程设置中窥知一二。

在中国，2017 年 12 月，教育部印发《普通高中课程方案和语文等学科课程标准（2017 年版）》，2018 年秋季学期开始实施；2020 年，教育部印发《普通高中课程方案和语文等学科课程标准（2017 年版 2020 年修订）》，对高中生学习人工智能的课程内容进行如下要求：描述人工智能的概念与基本特征，知道人工智能的发展历程、典型应用与趋势；通过剖析具体案例，了解人工智能的核心算法（如启发式搜索、决策树等），熟悉智能技术应用的基本过程和实现原理；知道特定领域（如机器学习）人工智能应用系统的开发工具和开发平台，通过具体案例了解这些工具的特点、应用模式及局限性；利用开源人工智能应用框架，搭建简单的人工智能应用模块，并能根据实际需要配置适当的环境、参数及自然交互方式等；通过智能系统的应用体验，了解社会智能化所面临的伦理及安全挑战，知道信息系统安全的基本方法和措施，增强安全防护意识和责任感；辩证认识人工智能对人类社会未来发展的巨大价值和潜在威胁，自觉维护和遵守人工智能社会化应用的规范与法规。

在美国，2018 年 5 月，美国人工智能协会（AAAI）和计算机科学教师协会（CSTA）推出了“AI for K-12”工作小组（AI4K12），将 K12 学生划分为 4 个年龄层，分别是 K-2、3-5、6-8 和 9-12。AI4K12 在教育中需要了解计算机通过传感器感知环境的能力、计算机通过对环境建模和表示方法进行推理的能力、计算机从数据中学习的能力、计算机与人类自身的自然交互能力、智能算法对社会发展的正面和负面影响。

当前，社会对从事“从 0 到 1”的人工智能基础研究和原始创新的研究型人才，以及“从 1 到 *N*”将人工智能创新思维转换为产品的工程型人才需求极大。综合国力的竞争归根结底是人才的竞争，培养人工智能创新型人才战略资源力量以构筑人工智能发展的先发优势，是推动人工智能生态建设的重要手段。

人类探索宇宙真理的征途永无止境，在这个过程中，科学发现促进了人工智能的深入发展，人工智能又重塑了不同科学研究的范式革命，美人之美、美美与共、留美世间，秋水文章不染尘！

04
Chapter

人工智能，扩展人类“视界”

4.1 人类将走进怎样的人工智能未来

2014 年起，在计算机视觉方向，有两项大众感知深切的人工智能应用逐步变成了人们日常生活中的刚需，一个是刷脸解锁，另一个是拍照美颜。它们的基础技术都源于计算机视觉人脸识别。

曾经一直只闻其声、不见其成的人工智能，为何在诞生 60 年后迎来爆发，而且从人脸识别开始？

“自然而然”可能是我们目前能解释这个问题的最好答案。千百年来，人们都是通过各自的相貌特征辨识彼此，在脑海中具象化某个人。而模仿人脑学习过程的深度学习（最初主要是 CNN 卷积神经网络）的内核也是构建特征模型。因此，要让人工智能先“认识”人类，人脸自然成为人们发展人工智能最先想到的、最容易接受的一个目标。

面部信息是人类社交及传播行为的重要载体，是一种自然的视觉性非语言符号。数字技术诞生后，产生了海量人物照片，积累了庞大的数据基础；同时，其技术目的实现相对简单、开发逻辑单一。因此，深度学习的人工智能率先在人脸识别层面撕开裂口，并迅速形成商业规模。而随着技术的不断发展成熟、使用门槛不断降低，以人脸识别为核心的刷脸门禁、手机人脸解锁、刷脸支付、真人检测、人像特效、人像 Avatar、无感测温等众多创新性应用也陆续产生，共同创造了巨大的社会及经济价值。以至于有很长一段时间，人脸识别都被视为人工智能产业唯一的支柱细分领域。

当然，与人类历史上很多创新技术的发展历程相似，人脸识别技术也曾备受质疑，包括其涉及的安全问题、数据隐私问题、应用伦理问题等。不过，随着技术的开发、使用和监管越来越规范，这门技术未来的发展道路依然光明。

教机器认识世界的难度超乎想象

人们经常讲“最好的技术让人感受不到技术的存在”。当我们频繁地使用刷脸解锁和智能美颜，享受其带来的便利与舒适时，就会渐渐习以为常，而不会注意到技术其实一直在发展。有那么一刻，不少人觉得人工智能可能会止步于此，难有更多大的突破，甚至行业内也一度出现技术“点到为止论”，认为人脸识别算法精度的持续提高，不会使各种已经相当成熟的应用有大的改变。

但是，一切才刚刚开始。我们教会了人工智能“认识”人类，还希望让人工智能更多地“认识”世界，人脸识别只是“泰山前的一叶”，当面对城市、交通、工业、个人生活等领域中的大量多元化需求时，我们才发现世界如此复杂，其对人工智能的算法精度和广度要求之高令人咋舌！

下面介绍一个具体的例子。

通过使用行人检测算法，我们能够快速将一个普通的城市街头图像中的所有行人有效识别出来。但是，如果要对图像中包含的全部事件进行分析，其复杂度将呈指数级增长——人、车、物、事、场等元素组合在一起，不仅涉及大量单一的物体和场景识别，还需要理解这些物体与人、物体与物体、物体与场景之间的关系。例如，要判断一个人在骑摩托车，需要同时检测人、摩托车和地面；要判断人在停摩托车，则需要检测人在摩托车边、车在马路边。因此，即使想让机器理解一件非常简单的事情，也需要将非常多模态的数据融合。

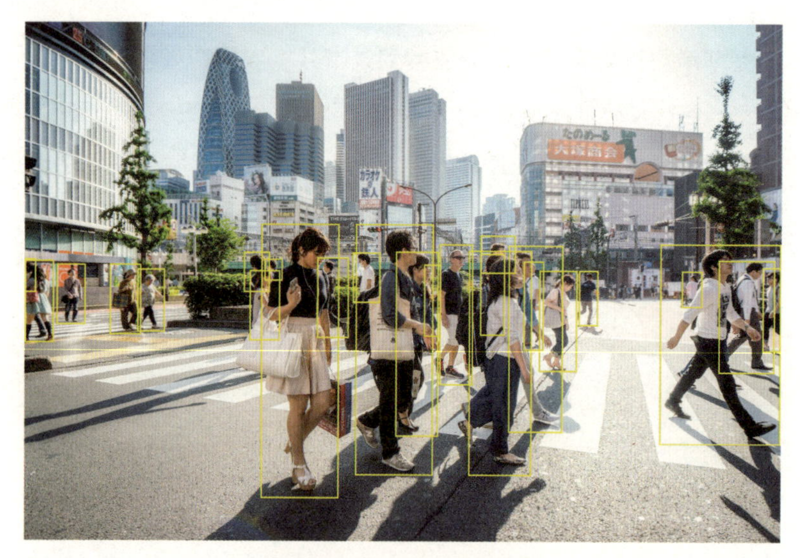

城市街头图像中的行人识别

有人曾做过一项统计：人类每个人每天平均会接触 600 多个物体，如果只考虑 3 个元素的结合，也需要处理超过 3500 万种可能的场景。对于目前的人工智能来说，根本不可能有如此多的能够覆盖所有场景的人工智能模型，因此难以进行有效处理。

上面描述的是人工智能在“感知—分析”方面的情况，我们期待技术可以在广袤的信息海洋中帮助人类快速、准确地找到关键信息。而在此基础上，我们还希望人工智能能够为现实做“增强”，不仅让人类自身看上去更美，还让周围的环境也能随心而变。因此，以人工智能+AR 为核心的增强现实从最初的人脸特效开始，逐步延伸到能够将场景、环境和建筑等更多空间、更多元素三维重建的混合现实。人工智能将帮助人类构建一个真实、可交互的数字平行世界，带来 AR 导航、AR 旅游、AR 博物馆等能提供更丰富体验的创新应用。

人工智能将帮助人类构建一个真实、可交互的数字平行世界

拐点将至，通用基模型的人工智能时代

我们期待可以用人工智能解决所有问题，但一个一个地解决单一问题、单一场景、对每个物体都收集大量数据做训练，不仅生产效率上不去，生产成本也非常高。如果不加变通，我们甚至

可能将人工智能做成一个人力、脑力双密集型产业，那么其作为创新生产力的工具，就失去了原本的意义。

算法突破依然是人工智能实现跨越式发展的关键。2.1 节曾指出，目前一种有效的解决方法是在更大层面上做通用基模型，对于细分应用就可以用少量数据，甚至零数据进行模型训练。所谓“通用”，并非指能达到更像人的智能，而是指在某类场景的多任务上做到通用，如在智慧城市、智慧医疗、自动驾驶等垂直行业。通用基模型的发展速度非常快，2021 年年初，OpenAI 推出了视觉—语言预训练模型 CLIP；2021 年年底，谷歌推出通用稀疏语言模型 GLaM；2021 年 11 月，上海人工智能实验室联合商汤科技、香港中文大学、上海交通大学，发布了名为“书生”的新一代通用视觉技术体系，一个基模型可全面覆盖分类、目标检测、语义分割、深度估计四大视觉核心任务，并在 ImageNet 等 26 个最具代表性的下游场景中，展现了极强的通用性，显著提升这些视觉场景中长尾小样本设定下的性能。

《预测机器：人工智能的简单经济学》一书中有这样一个观点：当某种基础产品的价格大幅下降时，整个世界都会发生变化。通用基模型无疑承载了人们对以低成本生产多种场景和模态算法，降低人工智能应用准入门槛，体系化解决人工智能发展中数据、泛化、认知和安全等瓶颈问题的期待。而人工智能作为一项通用技术，也将借此实现真正意义上从量到质的转变，为人类社会带来更多普适、普惠和公平的体验。

此外，通用基模型对算力的需求也将呈指数级增长。数据显示，过去十年，顶级人工智能算法对算力的需求增长超过 100 万倍。算法越强，其验证不同可能性和探究应用边界的解空间越大。因此，要解决人工智能本身的生产效率这个核心问题，大型算力基础设施的建设非常必要，我们必须为未来做好准备。

带来科学发展新范式、虚实融合的人机交互新范式

让人工智能“认识和理解”世界并非终点，因为这个“世界”只是基于人类有限认知的世界。我们还憧憬着人工智能作为前所未有的科技工具能够“预测或猜想”未知，助力人类对宇宙真理的探索。

当前，几乎在所有前沿科技产业的背后，都有人工智能的身影。2020 年年底，由谷歌 DeepMind 开发的深度学习算法 AlphaFold 利用基因序列成功预测“蛋白质折叠”。这个问题此前在生物学领域已被研究了长达 50 年。蛋白质三维结构的可预测将帮助人类更好地了解疾病、衰老等生命机理，并加速新药物的

研发。生物学家甚至评价其为“改变游戏规则”的突破，将改变医学、生物工程等。2021 年 7 月，革新的 AlphaFold2 人工智能算法已能成功预测 98.5%的人类蛋白质结构。

科学发展范式正在被改写，人工智能带来的“规模化猜想”将是一把创新钥匙。借助超大算力对各种人类已知或未知的数据、现象所构建的巨大解空间进行拆解和碰撞，用一定的随机性总结得到超出人类认知边界的规律，可能会为我们带来意想不到的惊喜，特别是那些还充满未知、没有建立起完整理论体系的科学，如地球科学、生命科学、制药学、社会学等，将因此受益并迎来集中突破。

当我们借助不断增强的人工智能能力实现空间数据化、要素结构化、流程交互化，进而推动现实世界走向全面数字化时，其实镜像出了一个数字孪生的平行世界。在这个虚拟世界中，人们不仅可以零距离访问，还可以修改和增强现实世界，将数字内容投射到真实感知中，增强互动体验。

只有当虚拟世界无限趋近现实世界，所有现实中的东西都能被反映和连接到虚拟世界并产生交互时，才会为人们带来“第二种”可能，让我们可以在不同的世界有不同的生活。在整个过程中，人工智能将扮演极为关键的角色，其作为现实世界和虚拟世界的连接器，将推动虚实融合。

曾对人工智能理论历史、思想体系进行深入研究，并创作了艺术作品《人工智能地图2019》的中央美术学院实验艺术学院院长邱志杰教授对虚实融合有过一个畅想：希望未来某一天，人工智能的替身（数字人）能够代替自己为学生上课，同时也能灵活解答学生的问题。数字人会具有非常逼真的3D数字形象，支持语音交互、肢体驱动，并通过对真人日常行为的学习，完美复刻个人风格；通过对邱教授研究内容的学习，克隆他的专业知识，甚至思考方式。有了这样的数字人，在虚拟世界中，邱教授可以将更多的时间和空间用于为每位现实中的学生进行专业指导；而在现实世界中，邱教授则可以做更多创意性工作。未来，“分身乏术”的问题也许可以被很好地解决。

从科学到经济，从工作到生活，在可以想象的未来10年中，人工智能一定会带来更多普惠价值，不仅高水平教育资源会变多，每个人的医疗体验会更好，很多原来大众无法获得的资源也将变得可获得。人工智能会通过一种润物细无声的方式改变人类世界，我们要做的就是迎接这个前所未有的智能时代。

我们未来需要怎样的人工智能

芝加哥大学社会学教授、知识实验室主任 James Evans

James Evans 教授是芝加哥大学社会学教授、知识实验室主任。他的研究聚焦于群体性思维认知系统，研究范围包括意识与直觉的分配、观点的形成和推理习惯共识（与争议）的形成、确信（和怀疑）的积累，以及认知理解机制的独特性、模糊性和拓扑性等。

James Evans 教授关于“创新是如何产生的”问题做了大量深入研究，并使用机器学习、生成性建模、社会和语义网络抽样等方式探索知识的形成过程，以及创建当前发现机制的替代方案。对于人工智能在人类创新中的作用，James Evans 教授认为：人类要想获得长足进步，不应该聚焦于设计性能最好或最类人的人工智能，而是需要训练能够改变我们的思考方式、具有颠覆式思维的人工智能。它可以通过一种超越人类局限的理解和编程，从根本上增强智能。

请思考一个问题：什么样的人工智能可以帮助我们进行更多样的思考，使人类的目标更远大，打破旧的思维模式？

这样的人工智能应该是一种有别于现有人工智能、能够真正拓展人类认知世界的能力的人工智能。

大数据和机器学习模型的产生，能够帮助我们以截然不同的方式思考社会是如何作为一个整体系统运转的。为了进一步打破固有理解方式，我们需要研究人类自身是如何产出创新性思考并付诸实践的。同时，我们需要创造的不是最趋同于人类的智能，而是具有颠覆式思维的智能，这种智能是对人类惯有思考方式的良好补充，能够激发我们形成全新的思考方式。

那么，人是怎样思考的呢？

古希腊著名思想家亚里士多德（Aristotle）建议从事实或公理的角度进行逻辑推演；1900 多年后，英国哲学家弗朗西斯·培根（Francis Bacon）提出了一种截然不同的归纳法，即从大量观察中引申结论。而与推演和归纳法不同，近代美国哲学家查尔斯·桑德斯·皮尔士（Charles Sanders Peirce）提出了溯因的概念，即根据因果联系中的结果推导原因，他认为产生新规则的过程其实不受逻辑规则的牵制。

在现实中，我们也可以发现，科学、技术和商业的每项重大进步，几乎都源于挑战旧理论的创造性假设。在一项研究中，通过搜集过去较长一段时间内生物学和物理学的专利及论文，预测下一年的研究方向，结果能够准确预测次年 95%～97%的论文和专利。这项研究的预测模型就是根据人们的思维方式归纳而来的。

然而，预测颠覆式科技创新的难度非常大。通常这类创新能够在期刊上获得最大的引用数或最高的专利授权费，但即使采用更好的预测模型，也无法对这类具有颠覆性意义的创新进行预测。颠覆式创新来自独特的思考，能够做出此类创新的人聚焦于一些技术创意，与同领域中的其他研究者相比，其具有截然不同的解决问题的方式，他们利用少见的方式或路径解答了熟悉的问题。

因此，人类如果想获得长足进步，不应该聚焦于设计性能最好或最类人的人工智能，而是需要训练能够改变我们的思考方式、具有颠覆式思维的人工智能。

除了上述逻辑，我们还通过哪些方式思考？

事实上，我们通常聚集而非分散地寻找新的可能。2019 年，James Evans 教授团队的一项研究成果登上了《自然》杂志封面，重量级论文 *Large Teams Develop and Small Teams Disrupt Science and Technology*（大团队发展科技，小团队颠覆创新）通过分析 1954—2014 年的 5000 多万篇论文、专利和软件产品的团队合作情况，发现小团队更容易产出颠覆式创新成果。

当前，无论是在学研界，还是在商界，解决重大问题往往需要大型团队。但是研究发现，每增加一名团队成员，产生颠覆式创新的机会就会大幅下降。即使在一些总结、评述性文章中，作者越少也越能产出一些更有趣的见解。

大型团队往往倾向于关注一些较成熟的领域，并不断完善相关理论，普遍更保守，就像制作一部一鸣惊人的电影的续集，倾向于低风险；而小团队则倾向于关注一些少为人知的领域，做与众不同的研究，往往更重视真正的难题和最尖端的问题，哪怕需要外界花更多时间理解他们的工作。James Evans 教授团队发表的一篇文章也有类似的结论，通过分析近万种药物和基因相互作用的数据发现，在生物医药领域，去中心化研究或许能带来更可靠的结果。

现阶段，科技创新理论或许会在无意中导致不一样的结果。研究发现，经常合作使用类似方法、经常引用近似文献论点的大批科学家很容易产生相同的、自我确认的结果，这样会降低团队的活力与稳健性。相反，那些以不同方式进行实验的独立实验室，则有不同的目标，与密集连接的学研界网络相比，其更不容易产生同伴压力，也能够产出更好的结果。

我们需要更加多样化的智能团体，以产生强大的洞察力，推动技术快速革新。基于以上讨论，我们需要做出大的改变，而不是渐进式改变。我们需要一种新的人工智能——可以通过超越人类推理局限的理解和编程，从根本上增强智能。这意味着我们需要更好地理解人类的思考方式，并以更多样的颠覆式思维构想未来。

让创新更高效，人工智能的“*N*+1”构想

卡内基梅隆大学讲席教授、美国工程院院士 Takeo Kanade

Takeo Kanade 教授是卡内基梅隆大学讲席教授、美国工程院院士，以及 IJCV 创始主编和 CVPR 1983 创始主席。

作为计算机视觉领域的泰斗，Takeo Kanade 教授一直从事识别、处理相机图像的计算机视觉技术及相关应用智能系统的研究工作。1970 年，他开发了世界上第一个人脸识别程序；1995 年，他带领团队打造了全球首个无人驾驶原型车，并从美国东海岸到西海岸完成了 4800 千米的自动驾驶演示。

虽然当时这些系统的能力远不如今，但一路走来，人工智能已经在这些领域部分或完全超越了人类。未来人工智能还将在提高人类解决问题、生成知识的能力方面做出贡献。因此，Takeo Kanade 教授提出了人工智能的“*N*+1”构想，希望为年轻研究者带来启发。

当前，新冠肺炎疫情在世界范围内传播，自我隔离和保持社交距离成为常态，侧面引发了数字技术和虚拟概念的快速发展，人工智能变得越来越重要，特别是在基于人的智能创造方面。因此，这里提出“N+1”的概念。

这个概念非常好理解，假设有5个人一起参加远程会议，那么“N”就是5，而“+1”则指5个人之外的1个“人”，即人工智能。人工智能参加会议，可以识别并理解与会者的发言内容，贯彻会议目的，在帮助参会人员做出更好的决策、提出新想法、创造新知识等方面可以发挥重要作用。

例如，当与会人员提出“是否有这样的设备”等问题时，人工智能会立刻从互联网中找出一个最相关的信息并显示出来。在当前的技术条件下，这类功能已经能够实现了。另外，对于“让这么重的东西飞起来需要多少能量”等问题，人工智能可以提供适当的理论计算，从而使讨论更具体。人工智能可以推断各种意见、建议和假设之间的关系，即判断哪些情况是相辅相成或相互对立的；人工智能可以帮助推断某个方案的成立需要基于哪些实际情况；人工智能还可以根据一项具体建议提出更好的假说；在会议结束时，人工智能会撰写会议纪要或会议总结，主动与相关同事跟进工作，并梳理未完成的工作，提出下一步研究建议。

这样一来，作为“N+1”的参与者，人工智能将成为一个能够最大限度发挥人类解决问题、创造知识的能力的系统。而要实现这样的“*N*+1”模式，系统需要具备整合语音识别、自然语言处理、图像识别、搜索、关联知识和事实、解决问题、推理、设定和检验假设等能力。这并非是完全不可能实现的任务，人工智能不仅能实现自动驾驶、图像处理或人脸识别等功能，还应在提高人类解决问题、生成知识的能力方面做出更大贡献。

创新不可预测，只能由企业家判断

北京大学国家发展研究院教授张维迎

张维迎教授是当代中国经济改革和社会发展研究最前沿的经济学家之一，现任北京大学国家发展研究院教授。

他的研究风格犀利，往往直击要害。2002 年，张维迎教授获评 CCTV“中国经济年度人物”；2008 年，入选中国经济体制改革研究会评选的“改革 30 年，经济 30 人”；2011 年，因对双轨制价格改革的理论贡献荣获第四届“中国经济理论创新奖”。

对于科技发展与创新，张维迎教授也有深刻洞察，他认为：创新有很多不确定性，这意味着人们可能无法预测未来，难以形成基本共识。因此，按照自己的判断做出分散决策的企业家精神才是点燃创新的火种。

近两年，每个人眼中的“不确定性”都变得格外明显。然而，在关于“创新”的众多领域，不确定性却一直是个主流词，且其种类繁多。

我们可以将创新的不确定性总结为技术可行性的不确定性、商业价值的不确定性、相关技术的不确定性，以及体制、文化和政策的不确定性。

很多“创新技术”的提出，都表现了技术可行性的不确定性。例如，19 世纪 50 年代，美国企业家塞勒斯·韦斯特·菲尔德（Cyrus West Field）提出在海底铺设电缆，但当时人们对大西洋的深度、海水压力及电缆绝缘体的质量一无所知。因此，电信号到底能不能通过电缆传递到大西洋彼岸，在当时表现为技术可行性的不确定性。100 多年前，莱特兄弟提出要造飞机，但比空气重的东西能浮在空中吗？这也表现为技术可行性的不确定性。

技术的成功并不意味着其会受消费者欢迎和获得市场认可。商业价值的不确定性是大部分创新成果落地时所面临的问题。

以计算机的发展为例，计算机的每次质变，都由新一代计算机的生产者而非上一代产品的生产者主导。归根结底，是因为他们对不同技术的商业前景有不同判断，如便捷式计算机问世时，台式计算机的厂家认为其只不过是小朋友的玩具，但其最终成为市场的主流。

同时，对于创新来说，商业价值的不确定性也与相关技术的不确定性息息相关。

第一台计算机其实在第二次世界大战之前就诞生了，但当时它并没有商业价值，因为计算机需要电子管等零部件。1947 年晶体管的发明，特别是 1959 年集成电路的发明，才真正激活了计算机的商业价值。但这些相关技术对于第一台计算机而言，是不确定的、未知的。

体制、文化和政策的不确定性为创新带来很大阻力。“创新理论”的鼻祖——约瑟夫·熊彼特（Joseph Alois Schumpeter）认为，创新即“创造性破坏”，新事物往往会代替旧事物。

例如，蒸汽汽车代替马车，会受到马车相关利益群体、守旧派的攻击。1829 年，英国成立蒸汽汽车公司，但随之受到了《机动车法案》的限制，其限制了蒸汽汽车的运行速度，导致该公司破产。咖啡进入西方国家的时间比茶晚，英国是第一个从土耳其引入咖啡的西方国家。咖啡馆出现后，一些卖啤酒和经销茶叶的人不断向政府申诉，以限制咖啡消费。当时剑桥大学规定，如果学生没有得到教授批准而去了咖啡馆，就会受到处罚。当然，咖啡后来还是在西方国家流行起来，这种创新冲破了重重阻力而获得了成功。

当前，我们面临的不确定性非常大，尤其是国际政治、文化所带来的不确定性，使很多企业必须改变经营的产品和经营策略。

在这些不确定性的影响下，人们可能无法预测未来应该做什么，难以形成基本共识。这时，我们就需要企业家精神。

企业家不依靠预测和计算做决策，不同企业家按照自己的判断做出分散决策，并通过市场进行论证和试错，也许只有少数人能成功，但正是这些人的成功，带来了更好的产品和技术，推动了人类进步。

企业家精神有哪些特点？

第一，企业家决策不是科学决策，没有标准答案，只能依靠企业家的直觉、想象和判断。大部分人认为是对的东西，不是企业家需要关注的，企业家关注的是大部分人没有看到的或是分歧非常大的事。

应该把管理决策和企业家决策分开。在一家企业中，95%的决策都是管理决策，少于5%的决策是企业家决策，管理决策可以委托专业管理人员，但是企业家决策只能由企业家本人做出。

第二，真正的企业家决策不是在给定约束条件下求解，而是改变约束条件本身。我们经常会讲“巧妇难为无米之炊”，但是对于企业家而言，这其实是不成立的。企业家如果判断有人来吃饭，卖饭能赚钱，米就不是问题。即使找不到现成的米，也可以找到种稻的农民；即便没有现成的种稻的农民，也可以说服别人改行去种稻。要在如此多不确定的约束条件下完成决策，企业家精神尤为重要，因为它往往能够号召很多追随者，并使其坚定地相信自己能成功。

因此，企业家决策是 Out-of-Box Thinking，一般的管理决策是 Within-Box Thinking。

由于企业家面临的不是单一的约束条件，而是由一系列约束条件组成因果关系链。因此，企业家要让一系列互为因果的假设变为现实。这也是企业家的独特之处。

企业家需要通过赚钱生存下去，而对于真正伟大的企业家来说，他们的目标不只是赚钱这么简单，他们有更高的目标，该目标对于推动人类的进步非常重要。这些伟大的企业家的成功将推动整个社会的进步。而这也反映了市场经济与计划经济的区别。创新的不确定性意味着决策可能有很多错误，企业家同样可能犯错误，市场经济实际上是企业家相互纠错的机制。企业家是市场的主体，市场经济其实是企业家经济。不同于计划经济下的政府集中决策，企业家在市场经济中“各显神通”，不断试错，只要纠正别人的错误就可以赚钱，可以带来更多新产品、新技术、新生产方式和新市场，人们也因此享受到“创新”的福利。

人工智能，中国“源”创

商汤科技创始人、香港中文大学信息工程系教授汤晓鸥

汤晓鸥教授是商汤科技创始人、香港中文大学信息工程系教授，以及上海人工智能实验室主任。

作为全球人工智能领域最有影响力的科学家之一，汤晓鸥教授曾担任ICCV（IEEE国际计算机视觉会议）2009程序委员会主席、ICCV 2019大会主席及计算机视觉领域两大顶级国际期刊之一IJCV的主编。2014年，由他带领团队研发的人脸识别算法，是世界上第一个超越人眼识别能力的计算机算法。

汤晓鸥教授在学研界和产业界受到广泛认可，他积极推动产业界与领先高校及科研机构合作。对于人工智能的创新，汤晓鸥教授有自己的深刻理解，他认为：“原创”要从“源头”创新，“源”字的三滴水代表了从源头创新的3个核心要素：第一滴水——有好的创新环境，保护知识产权，尊重原创，让原创者得到应有的回报。第二滴水——要尊重人才，重视人才培养。AI+教育，十年树木，百年树人，可以使原创“源远流长”。第三滴水——只有进行学术的充分交流，才能不断碰撞出思想的火花。人工智能需要突破传统行业的界限，突破学术与产业的界限，突破国家之间的学术边界。

这里分享一个中国“源”创的故事——从源头创新。

我们都知道数据的重要性，下面就从一个数据谈起。“50 亿元”是 2019 年上映的电影《哪吒之魔童降世》的票房。一部中国原创动画电影在中国的票房达到 50 亿元，这几乎是一个奇迹。这个奇迹的发生有很多原因，最根本的原因有两个。第一，过去几年，我们开始买票看电影，盗版打击力度加大。当原创作者能得到应得的市场回报，能吃饱饭，就有更大动力创造奇迹。因此，我们一直强调要有好的创新环境，说得直白一点就是要尊重原创。第二，中国人本来就有创新的基因。早在 40 多年前，哪吒就闹过一次海，很多人应该还记得《哪吒闹海》这部动画电影，它出自上海美术电影制片厂。上海美术电影制片厂创作了很多优秀作品，如《大闹天宫》《哪吒闹海》《阿凡提的故事》《三个和尚》等，自建厂以来，上海美术电影制片厂制作的二维动画、水墨动画、木偶动画、剪纸动画获得了 500 多项国内外奖项，在国际上获得了动画“中国学派”的美誉。这些成功源于上海美术电影制片厂的原创精神，“我不愿模仿”是首任厂长特伟的口头禅。我们应该向这些“不愿模仿”的中国大师致敬。

事实上，并不存在 AI 行业，只有“AI+”行业。AI 需要与传统产业合作，帮助传统产业提高生产效率、解放生产力[①]。AI 可

---

① 在 2018 世界人工智能大会的开幕式上，汤晓鸥教授发表“人工智能大爱（AI）无疆”主题演讲，阐述此观点。

以赋能百业，如今已开始在方方面面“+”到我们的衣食住行中。下面我们换个角度，讨论“AI+人”这个话题。

“人工智能”的第一个字是人，有了顶级的人才，一流的 AI 就会水到渠成。

“AI+，让世界更美好”是拍摄于 2019 世界人工智能大会期间的一张照片，照片左侧是一位年轻的女工程师——戴娟。10 多年前，她从香港中文大学多媒体实验室（香港中文大学—商汤科技联合实验室）毕业，拿到了美国顶级大学博士全额奖学金。

AI+，让世界更美好

但她放弃了，她选择到微软做一名产品经理，只因为她喜欢创造新东西。后来，她成为微软中国工程院最棒的产品经理之一，很快被调到美国微软总部，接着又去苹果成为 Siri（苹果智能语音助手）的产品经理。如今，她在商汤科技，成为商汤科技最好的产品研发和工程负责人之一。

正是因为有了一批像戴娟这样的人才，才有了今天的商汤科技。但是中国的人工智能只有他们是远远不够的，我们需要更多创新人才。

戴娟选择了做人工智能教育产品，她和同事们一手打造了商汤科技教育品牌，致力于培养更多人工智能人才。2018 年，商汤科技参编全球首部高中版人工智能基础教育教材《人工智能基础（高中版）》，并推出配套的教学实验平台和一系列丰富有趣的实验课程。例如，无人驾驶的小车几乎集成了无人驾驶汽车上的所有传感器，同学们可以在上面做各种自动驾驶的编程和实验；智能垃圾分类系统是同学们利用 AI 学习平台设计开发的一套基于视觉物体识别的垃圾分类系统，希望可以解决垃圾分类的痛点。

此外，学校和教师也是开展人工智能教育不可缺少的一环，2019 年，商汤科技与上海市黄浦区教育局联合，以上海市卢湾高级中学为试点，打造了人工智能标杆校。截至 2021 年年底，商汤教育已为全国 30 多个城市的中小学引入了人工智能课程。同时，也为超过 7000 位教师提供了最新的人工智能相关科目培训。

当然，人工智能教育范畴也包括大学。在 2018 世界人工智能大会期间，清华大学、上海交通大学等全球 15 所高校及商汤科技共同发起了“全球高校人工智能学术联盟”，跨越学科与国家的边界，推动人工智能领域的国际学术与人才交流。2019 年，该学术联盟正式落户上海西岸，致力于打造世界顶尖的人工智能学术交流与合作平台。如今，“全球高校人工智能学术联盟”成员已扩充至 18 所高校，并从学术、人才、科研等多个维度深度参与中国人工智能行业的发展进程。

因此，“原创”要从“源头”创新，“源”字的三滴水代表了从源头创新的3个核心要素。

第一滴水——有好的创新环境，保护知识产权，尊重原创，让原创者得到应有的回报。

第二滴水——要尊重人才，重视人才培养。AI+教育，十年树木，百年树人，可以使原创“源远流长”。

第三滴水——只有进行学术的充分交流，才能不断碰撞出思想的火花。人工智能需要突破传统行业的界限，突破学术与产业的界限，突破国家之间的学术边界。

原创需要创新环境、人才培养、学术交流的全面发展，有了这3点，源头的活水自然就来了。

4.2 伦理治理与人工智能可持续发展

当人工智能不再只是人们口中的一个流行词，而更多地迎来讨论与质疑时，就从一个侧面说明了这项技术正变得越来越成熟。

从产业角度出发，我们实际上已经收获了两波人工智能发展红利。第一波是 2014—2016 年，以人脸识别、语音识别为代表的人工智能技术突破首次超越人的识别准确率，在特定领域跨过了工业应用红线，人工智能开始在单一层面实现商业化落地；第二波是 2020 年以后，随着技术的逐步深入，更广泛、更规模化的人工智能应用，对降低算法生产成本和解决小数据场景算法训练难题提出了非常迫切的需求，而通过人工智能基础设施的大力投入，以及具有超大参数量的基模型的能力突破，逐步实现自动化、规模化、集约化人工智能模型量产，可以满足各行各业的多元化长尾应用需求，实现产业边界的快速扩张。

技术创新创造增量价值，以新思想、新方法、新行动持续推动社会进步。人工智能可以做的事情无疑会越来越多，这项技术必然会成为更普遍的存在。在这个过程中，人类将获得创新红利，但要面对技术发展过程中的不断试错，以及新技术与人类现有意识、规则和系统的冲突。

1865 年，英国通过了一部《机动车法案》，要求每辆在道路上行驶的机动车必须由 3 人驾驶，其中 1 人必须在车前 50 米外手持红旗进行引导警示，同时机动车行驶速度不得超过每小时 6.4 千米。这部被后人称为《红旗法案》的规定，直到 1896 年才被废止，而英国汽车产业发展也因此停滞了约 30 年，被德国、法国等甩在身后。《红旗法案》的通过是当时英国经济、社会等多种因素综合博弈的结果，其中既有人们对新兴技术可控性的不解与怀疑，又有在技术应用初期存在的不稳定和不完善状况，还有旧有利益团体（如马车相关产业）的重重限制……总之，这部今天看来不可思议的法案，确实“合理”出现在了人类进步的历史中。其出现存在一定的必然性，是技术颠覆式创新必然需要付出的成本；其出现也存在一定的偶然性，是过早立法对技术发展的过度塑型。

每次巨大的技术变革都是推动人类认知革新的长久过程，为什么会有人将新兴技术视为洪水猛兽？因为大家不了解它的边界，不知道该如何规治。百年后的我们觉得《红旗法案》非常荒谬，但新的“法案”又何尝不会再出现？

今天，人工智能的技术发展和创新已呈现百业爆发的态势，它所带来的经济、社会、生活方面的巨大影响每天都在快速变化，我们需要面对的不仅是大众对算法准确率和安全性的质疑，要解决的也不仅是数据样本偏差可能带来的算法偏差，以及个人隐私保护、技术伦理等方面的问题。面对人工智能，我们还要迎接大量未知的、不确定的问题。新技术不可能一蹴而就，一出现就十分完美、普适和公平，对于这项没有任何参考标准和路径可循的创新技术，放任自流和因噎废食的态度都不可取，那么我们又该如何找到那个评判其对错的“上帝函数”？

人工智能伦理治理需要体现包容性、安全性和发展权

在人类发展的历史上，从来不是只有一条文明之河，而是诸多差异化文明形成百川入海之势。将历史、语言、文化、宗教、经济融于一体的多样化文明，带来了多元社会伦理观。因此，映射到人工智能的伦理治理中，我们也要寻找最具广泛性、与人类普适价值观相符的人工智能伦理治理原则。

目前，全球各国、各地区在人工智能伦理治理方面约有 160 种报告方案，总的来说可以归为 3 类原则。

第一，以人为本原则，人的公平性、尊严性问题，以及隐私、人权、数据偏见等问题，都属于这个范畴。

人类自身就是伦理观的载体，所以在经验归纳、推理演绎、灵感猜想中都自然带入了伦理观。当我们用人工智能辅助创新与决策时，也可能自然而然地复制自身伦理观。例如，在隐私保护、资讯推荐、社交网络审核等方面都存在因文明而异的默认伦理准则；基于驾驶员的操作进行学习的自动驾驶模型，就是通过大数据技术代替人类进行经验归纳，驾驶行为中的道路安全、礼让行人等观念也会对人工智能的算法训练产生影响。

以人为本体现了“包容的人工智能伦理观”，即通过人工智能实现的服务必须服务于整个人类社会，而不是只面向少数特定群体。面对全球多元的文化、价值观及发展差异，我们必须在对其进行充分理解、尊重的基础上促成“数字包容”，构建跨文化价值体系的数字伦理，打造融合各国治理原则和道德关切的全球性治理框架，实现对人工智能产品、事件及风险的差异化管控和多方评价，充分平衡各方责任与权利，以推动强调人权、隐私保护及对技术的无偏见应用。此外，我们还要面向全民积极、持续、广泛地推进社会科普教育和伦理教育，这不仅有利于提升大众对人工智能技术的益处及潜在风险的认知，也将提早帮助下一代掌握塑造未来的技能。

第二，技术可控原则，包含透明计算、可解释性、技术安全边界、责任模式等问题。

当前，对于深度学习的人工智能来说，算法黑箱是算法不可信任和不可解释的主要风险来源。“黑箱”的存在，使普通用户只能看到人工智能自主决策的结果或算法结果，而无法了解决策过程和缘由，也无法认知其行为逻辑。这不仅导致了算法的不可解释性，还会引发算法的不可控和算法歧视等问题，导致大众对人工智能的信任度降低。特别是在医疗诊断、智慧金融和司法等高风险决策领域，算法黑箱的存在不利于创新技术的推广和使用。

人工智能是由人类开发并为人类服务的新工具，其伦理责任应由人类承担。因此，在采用任何人工智能技术前，都必须缜密审查其合法性、可验证性、可认证性、可信度、可靠性等关键指标，并在技术可控原则下，遵守相关司法管辖区的适用法律及法规，坚持通过以可审核、公开及透明的方式应用人工智能技术，从而建立信任。当然，技术可控并不意味着完全循规蹈矩，其可能涉及主观判断和客观标准。因此，使人们充分了解技术用途和潜在风险非常重要，是否采用相关技术也应由人们或市场自行决定，从而在可控的基础上，持续释放科技造福人类的创新发展潜力。

第三，可持续发展原则，即通过伦理治理，促进人工智能在经济社会发展、环境保护及和平发展方面发挥重要作用。

例如，2021年，国际著名商业咨询公司波士顿咨询公司（BCG）的一份研究报告指出，为实现2016年《巴黎协定》中将全球平均气温上升幅度控制在1.5摄氏度以内的目标，全球温室气体排放量必须减少50%，而人工智能的应用可以贡献5%～10%的减排量，即减少26亿吨～53亿吨的二氧化碳排放。

科技创新是人类可持续发展的“金钥匙”。人工智能的可持续发展也应将生存权与发展权放在首位，以加强科技伦理对科技行为的正向引导。在具体实践中包含以下两个层面。

一是人工智能的可持续发展需要考虑生存利益。“全球城市”理论代表学者之一，美国哥伦比亚大学社会学教授萨斯基娅·萨森（Saskia Sassen）的研究显示，数字技术带来的新经济逻辑对高级人才和低收入人群产生大量新需求的同时，也间接导致了“传统中产阶级”的衰落。类似问题由来已久，机器对人的替代在人类历史中曾多次引发反技术主义，如第一次工业革命时期发生的“卢德运动”，但是后来人们发现，技术创新会创造大量新职业和新岗位。因此，我们必须充分考虑人工智能发展在不同阶段需要付出的代价，以及是否符合可持续发展原则。

二是人工智能的可持续发展需要考虑代际公平，区分强与弱两个视角，将人工智能的发展放在强可持续发展范式中落实。在

《西方经济学大辞典》中，对强可持续发展和弱可持续发展进行了释义。弱可持续发展视角认为，自然资本与人造资本之间存在很强的可替代性，自然资源的消耗对人类后代所面对的社会、经济、环境的影响，可以通过人造资本的持续增加来弥补；强可持续发展视角认为，人造资本不能完全代替自然资本，当代人应在发展经济的同时，有节制地减少自然资本的损失，才不会影响后代的发展需要，即要实现代际公平下的可持续发展。

“平衡发展”的人工智能伦理治理观

2018 图灵奖获得者、“卷积神经网络之父”杨立昆（Yann LeCun）在《科学之路：人，机器与未来》一书中这样概括人工智能伦理：“它是一个机器的价值与人类普遍价值一致性的问题。”

数千年以来，人类将道德价值体系写入法律、凝练成品格，并通过教育下一代来规范社会伦理。现在的新变化是，人类需要将伦理观从日常生活抽象到人工智能算法、数据和算力中，且很难在短时间内穷尽所有场景。同时，随着技术边界的不断扩展，大量新事物将源源不断地刷新人类认知。

因此，人工智能的伦理治理将是一个多目标、多维度的动态平衡过程，需要我们秉承一种“发展”的人工智能伦理治理观[①]。“发展”有两层含义，一是在探讨伦理治理时，我们要考虑普惠发展目标，即人工智能技术如何推动人类社会进步；二是在人工智能伦理治理实施过程中，我们要充分考虑行业变革的快速性，依据以人为本、技术可控、可持续发展原则，针对不同发展阶段，给出动态治理目标，并在行业变化中及时调整治理方案，以“发展”的眼光寻求均衡发展。

展望未来，新一代人工智能正逐步赋能人类感知、认知、决策范式升级，成为人类科技创新的源动力。人工智能技术的长期可持续发展将立足于伦理与道德准则，以及持续造福人类社会的目标。只有在发展中不断摸索技术应用的边界，并将其管理好，我们才能安心地使用和发展人工智能，使其更好地服务于人类对未来的探索。

① 2020 年 6 月，商汤科技智能产业研究院联合上海交通大学清源研究院共同发布《AI 可持续发展白皮书》，该白皮书相关内容于 2021 年入选由联合国经济和社会事务部面向全球发布的“人工智能战略资源指南”，为全球贡献了人工智能伦理方向的中国思路和成功案例。

建设负责任的人工智能国家

阿联酋人工智能、数字经济和远程办公应用国务部长

H. E. Omar Sultan Al Olama 先生

2017 年 10 月，H. E. Omar Sultan Al Olama 先生被阿联酋政府任命为第一位人工智能部长，阿联酋成为世界上首个任命人工智能部长的国家。2020 年 7 月，H. E. Omar Sultan Al Olama 先生成为阿联酋人工智能、数字经济和远程办公应用国务部长。

H. E. Omar Sultan Al Olama 先生负责领导阿联酋的数字化转型工作，通过推动人工智能、数字经济和远程办公应用三大领域的发展，改善民生，确保阿联酋在基础设施、人才和技术等方面构建坚实基础，持续提高阿联酋政府工作效率，使阿联酋在相关领域取得全球领先地位。

H. E. Omar Sultan Al Olama 先生认为：人工智能不是一项只影响某个地区人民生活的技术，而是影响全人类未来的技术。负责任地开发和部署人工智能，是确保下一代拥有更美好未来的关键。

人工智能不仅带来了巨大机遇，还带来了很大挑战。因此，我们在不断发展人工智能的同时，需要应对挑战，并学会控制风险。

人工智能对一些需要定制化服务的行业有深远影响，如医疗健康和教育。我们相信，在这些领域，人工智能能够根据每个人的特定需求提供定制化服务，从而成就更具“智慧”的一代人——他们有能力汲取海量知识，并能以更佳的方式运用这些知识。

人工智能将帮助人们管理生产和提高生产力。人工智能可以实时测量生产效率，其像监测我们身体指标的健康追踪器一样，指导人们如何提高某项能力，使人类变得更强大。

当然，人工智能的应用也会面临挑战，特别是在包容性和数据方面。例如，如何确保所有人都能恰当使用人工智能，而没有国家或地区落后？能否获得足够的、无偏差的数据，以确保使用人工智能时，相关用户不会被误导？我们相信，如果我们齐心协力、携手创造一个惠及所有人的未来，这些挑战都将被解决。

在阿联酋有一项指导原则，即 BRAIN，全称是 Building a Responsible Artificial Intelligence Nation，意为建设负责任的人工智能国家。创造更美好未来的关键在于，要以负责任的态度开发和部署人工智能，确保每代人都可以从我们今天所做的决策中获益。

在中东，特别是在阿联酋，我们已经可以看到人工智能是如何保护生命的，其以最快速、有效的方式帮助人们克服全球流行病的影响。人类从来都不缺乏机遇和挑战，缺乏的是才能、创造力和想象力。我们只有不断创新，才能更有效地使用人工智能，并确保这项技术的落地能够满足我们的需要。

AI 无国界，共同发展需共同应对挑战

新加坡通商中国主席、原新加坡贸易与工业部兼国家发展部高级政务部长李奕贤先生

李奕贤先生是新加坡通商中国主席、原新加坡贸易与工业部兼国家发展部高级政务部长。

“通商中国”是非营利性组织，于 2007 年成立，其宗旨是使新加坡各界人士更好、更全面地了解中国，并加强新加坡与中国的联系。“通商中国”举办了上百个大型和小型论坛、分享会和学习班，年度旗舰项目“慧眼中国环球论坛”聚集了中西方企业家、专家、学者等，探讨大家关心的科技创新等课题。

2017 年 3 月，人工智能首次写入中国政府工作报告；同年，新加坡政府也正式推出国家人工智能战略。如何运用人工智能技术改善民生、提高社会生产效率、减少碳排放，以及优化资源分配等，是当下各国面临的重要挑战。

李奕贤先生认为：没有一个国家能够单独解决所有问题，只有通过开展国际合作、相互借鉴、共享资源、共同发展，全人类才能持续享受包括人工智能在内的先进科技发展所带来的成果。

半个世纪以来，人类在许多科技领域都取得了长足发展，科技创新始终是人类社会推动经济发展的动力。

20 世纪 80 年代初期，新加坡制定了第一个“国家电脑化计划”的总蓝图，之后每隔 10 年推出一个“智慧国发展战略”的升级版。经过约 40 年的投入和培育，新加坡的数字和数据产业发达，线上公共服务得到了普及，人们过着高度资讯化的生活。

瑞士洛桑管理学院发布的《2020 年全球竞争力报告》显示，新加坡连续两年排名第一。报告指出，新加坡的成功体现在坚韧的国际贸易与投资、灵活的就业和人力市场、强劲的经济表现 3 个方面，同时优秀的教育制度、稳健的科学技术、发达的电信互联网产业及高科技出口也发挥了重要作用。

2017 年，新加坡推出国家人工智能战略，以促进增强新加坡人工智能实力，其包括 3 个主体事项。第一，以人为本，利用人工智能发展经济和改善生活；第二，利用有限的资源和人才，优先发展五大领域，即交通物流、智能城市、医疗保健、教育学习、边境安全；第三，创造优越的人才培养条件，完善企业生态，鼓励创新和促进跨行业合作。预计 2030 年，新加坡人工智能市场规模将达到 160 亿美元。

虽然新加坡本身的市场规模不大，但能辐射含 6.5 亿人的东南亚市场，是连接东亚和南亚市场的重要枢纽。因此，许多跨国科技企业在充分享受新加坡优质的营商环境、健全的司法系统、稳定安全的社会氛围的同时，也将国际化区域总部设在这里。例如，美国云计算公司 Salesforce，除在美国加州设有研发总部外，还将新加坡作为其首个海外人工智能研究中心；中国人工智能企业商汤科技与新加坡南洋理工大学、新加坡超级计算中心及新加坡电信有限公司分别签署了战略合作备忘录，以推进人工智能相关研究，加快企业数字化进程，推广人工智能科技在不同行业的场景应用。在新加坡，此类国际合作项目还在不断增加。

从社会历史的角度来看，虽然今天人工智能发展已如火如荼，但仍处于一个新工业革命的起步阶段。我们如何运用人工智能技术改善工作环境、普及教育、加强公共医疗卫生服务、减少对环境的破坏、缩小贫富差距、提高人民生活质量，以及建立更安全、平等的社会，是当下各国面临的重要挑战。因此，在这个发展阶段，人工智能伦理治理的重要性不容忽视。

2019 年，新加坡推出亚洲首个人工智能监管模式框架，阐明在使用人工智能技术时必须考虑的道德和监管原则。随着该框架的不断完善，新加坡将以健全的人工智能监管、透明可信的运作环境为更多落户新加坡的科技企业服务。

面对肆虐全球的新冠肺炎疫情、气候变化、国际恐怖主义等人类共同的威胁，没有一个国家能够单独解决所有问题。只有通过开展国际合作、相互借鉴、共享资源、共同发展，全人类才能持续享受包括人工智能在内的先进科技发展所带来的成果，共同建设一个更美好和谐、和平繁荣的国际社会。

人工智能时代的机遇与挑战

商汤科技联合创始人、首席执行官徐立博士对话清华大学苏世民书院院长薛澜教授

科学技术是人类对世界的认识和实践。作为新一轮科技革命的代表性技术，人工智能正重塑整个人类社会的生产生活方式。在广泛提高生产效率、赋能产业创新的同时，催生了人机关系的新变化、新挑战、新风险。

人工智能会不会全面超越人类？技术是否会引发贫富差距扩大？人工智能有没有偏见？个人隐私如何保护？这一系列全新问题得到了公众的热烈讨论。人工智能的伦理治理，实际上已经到了非常紧迫的阶段，我们需要尽快突破当前人工智能所面临的想创新却不敢创新的困境。

在人工智能伦理治理方面，清华大学苏世民书院院长、清华大学人工智能国际治理研究院院长、国家新一代人工智能治理专业委员会主任薛澜教授曾提出理论框架，为人工智能的创新提供了有效指导。在2021世界人工智能大会期间，薛澜教授与商汤科技联合创始人、首席执行官徐立博士，开展了一场关于人工智能颠覆式创新和科技伦理问题的特别对话，详细探讨了人工智能时代的机遇和挑战，以及技术发展与规制的关系。

徐立：科技发展带来创新。一些创新对社会的影响较小，但还有一些创新具有很强的颠覆性。颠覆式创新发生的初期通常与大众认知有很大差异，甚至会带来一些误解。薛澜教授怎样看待这个问题？

薛澜：按照约瑟夫·熊彼特[①]的观点，科技创新本身就是一个颠覆的过程，它一定是在颠覆一些传统行业、产业、技术的基础上，带来新技术和新应用。在这个过程中，被颠覆的不仅是技术，还包括人们的一些观念和认识。

因此，如何有效管理这个过程，是科技创新需要面对和研究的问题。具体包括两个方面。一方面，新技术会给人们带来很大便利和新突破；另一方面，一些新技术也可能带来一些对于我们来说完全未知的事物，甚至潜在风险，有些风险在技术发展初期会被很快发现，有些则需要经过很长时间才能被认识到。因此，怎样有效把握收益和风险，在两者间取得权衡，是人类社会多年来一直在探讨和解决的问题。

徐立：人类对世界的了解还很少，我们认为很多“已知”其实可能只是大家达成了共识，未必是真的了解。而人类通过有限

---

① 约瑟夫·熊彼特（Joseph Alois Schumpeter），1883—1950 年，美籍奥地利政治经济学家，被誉为“创新理论”的鼻祖。

的认知对这个世界做出的判断往往都被验证是片面的、错误的。那么，是否可以认为，一项科学技术能够被大众广泛接受且认为是安全的，其实在某种意义上只是因为大家习惯了这门技术的存在，而不是因为人们彻底了解和掌握了这门技术？

薛澜：确实是这样。科学技术就是人类对世界的认识，其总会存在一定的局限性。我们在一段时期内认为是真理的东西，也许若干年后会被认为是错误的，甚至是有害的。例如，DDT（双对氯苯基三氯乙烷）在 20 世纪上半叶的农业生产和疟疾防治方面发挥了很大作用，进入 20 世纪 60 年代，人们发现它对自然环境和人体是有害的。这就要求我们以谨慎的态度对待科学技术，当我们看到实际危害之前，在看到风险的时候，就及时采取一些措施。

徐立：创新包括增量创新和颠覆式创新。经济、技术的持续发展往往伴随着增量创新。约瑟夫·熊彼特认为，只有创业者的颠覆式创新是经济增长的源动力，才能真正创造社会价值，实现跃迁式发展。

颠覆式创新往往不可预测，通常是反共识的。那么，我们现在提出的一些治理措施，如安全、可控等，是否大多只适用于增量创新？对于不可预知、不可复制的颠覆式创新，无论是对它的理解，还是审慎地使用创新成果，其实我们都还面临一个未知的不确定性挑战？

薛澜：的确，颠覆式创新所带来的技术发展轨迹可能完全不同于原来的技术路径。例如，在数码相机问世时，很多人都把它看作玩具，认为其永远不可能超越传统的胶卷相机。当时，很多人认为胶卷技术和数码技术完全是不同的技术，很难想象随着数码技术的不断发展，会颠覆传统的胶卷技术。因此，这类颠覆更多是在不同技术轨迹上进行的。

如何规制这些颠覆性技术所带来的潜在风险的确是一个巨大的挑战。但人类的一个特点就是敢于冒险、敢于探索。如果没有好奇心和探索精神，人类也不可能发展到今天。因此，一旦人们感受到技术带来的收益和便利，其发展就会不可阻挡。正是因为如此，我们要做的就是在技术得到广泛应用的同时，尽可能提前重视其可能带来的风险，并把风险降到最低。例如，目前大部分汽车都可以稳定行驶在 100 千米/小时甚至 150 千米/小时。但通过进行各种分析，我们认识到，当车速很高时，一旦发生事故会有很大的伤亡概率，因此需要找到一个比较合适的点，如把车速限制在 90 千米/小时。

总之，人类社会的发展是一个不断探索的过程，我们在获取技术创新最大收益的同时，也需要有效规制和降低各类风险。

徐立：近两年，随着人工智能的快速发展，人们对人工智能伦理治理的关注度非常高，薛澜教授也提出了人工智能治理方面的框架。那么，当前人工智能面临的挑战及治理问题有哪些？

薛澜：人工智能的治理比较特殊。首先，我们之前使用的很多技术都是人眼能够直接看到的，而人工智能技术的应用通常无法被大众看到。此外，人工智能技术的显著特点是具有一定的不确定性，即“不可解释性”，我们很难计算或预测这项技术会带来怎样的风险。

其次，人工智能不是应用于某个特定领域的技术，它是泛在技术，应用面非常广。因此，人工智能的治理会面临很大挑战，这与传统技术不同。

最后，人工智能是一门快速变化的技术，可以用日新月异来形容。因此，传统的治理体系很难适应其变化。

徐立：大众最早建立对人工智能的理解和认识，可能是在AlphaGo击败人类棋手的时候。围棋棋局的可能形式约10^{170}种，对于人类和机器来说都无法穷举所有可能。在这种情况下，人工智能却做出了一件超出人类目前认知边界的事。那么，未来创新的主体还一定是人类吗？如果人工智能的创新速度比人类快很多，我们会不会接受？

薛澜：我们确实时常对人工智能的各种创新成果感到诧异。人们原本认为人工智能无非就是用于解决一些程式化问题，只有人类有想象力，想象力是人工智能学不会和偷不走的。

但是当前，无论是在艺术领域，还是在科研领域，人工智能都通过学习展现了一定的创造力。因此，我想应该问您，会不会有一天人工智能会具备超出人类的想象力？

徐立：如果单纯从技术层面来看，答案是非常难。根据当前的技术演进路线，我们与真正突破人类思维边界还有一定的距离。我们需要开发的是能够真正帮助人类打破思维局限性的技术。

通常我们有 4 种科技创新范式，归纳与演绎相对古老和传统；在计算机的辅助下，人类可以用计算机进行归纳和演绎，因此诞生了仿真模拟和大数据科学。但人工智能也完全有可能摆脱数据，如 AlphaGo Zero 不再需要人类的棋谱数据做指导，因此在一些特定的任务中已经能够帮助我们突破人类的认知边界，推动人类对一些事物产生新的理解。

薛澜：我们经常说“科学无边界”，科学家的想象力到哪，我们的研究工作就可以到哪。

也许人工智能技术可以扩展我们的思维边界，甚至创造出人类想象不到的东西。在这种情况下，就会产生人类社会到底要不要做这些研究的问题，毕竟如果通用人工智能真的能够实现，它在某种程度上会比人类“聪明”。在这些问题上，我们可能要给“科学无边界”打个问号，这不仅是科学家的问题，还是整个人类社会需要回答和思考的问题。

徐立：任何技术的发展都要形成一个基于大众的认知共识，才能够真正服务好大众。谈到认知共识，从伦理治理的角度来看，东西方有哪些相同或相异的地方？

薛澜：在一些最基本的价值观上，大家都是互通的。目前，全球各地的伦理准则有很多，如果单独就某项条文进行分析，准则基本是一致的，只是不同国家会有不同侧重。

人类有很多共通点，但也不能否认东西方对某些问题的重视程度存在差异。例如，西方社会对个人隐私的关注度非常高，因此他们在做技术收益和成本权衡时，会把个人隐私保护的优先级调得很高；在中国，我们强调集体价值，随着社会的发展，我们也逐渐加强对个人隐私的重视。

另外，我们应用人工智能的具体场景可能与西方社会不同。例如，在中国有很多大规模人员流通场景，在这种情况下，人脸识别技术能起很大作用；而在西方社会，这种场景相对较少。因此，价值观的不同、应用场景的不同等，都会使不同国家在应用人工智能技术的过程中有不同考虑。

徐立：薛澜教授曾提出敏捷治理框架，强调应使“发展和规范并举，快速迭代”。这个框架与传统的治理框架有哪些不同？

薛澜：这个框架的确与人工智能的技术特点息息相关，因为人工智能的发展速度非常快。对于传统的治理框架来说，无论是规则的形成还是法律的形成，都需要经过一个相当长的研究和分析过程，还要广泛征求各相关方的意见。对于人工智能技术来说，如果我们遵循原来的治理过程，可能根本赶不上相关技术的迭代速度，当我们讨论的规则得到通过时，我们所关注的问题可能已经翻篇了。因此，我们需要能适应发展更快的新技术的治理框架，在合适的时机进行点拨和指引，保证技术的演进不会偏离正轨。

我们调研了很多人工智能相关企业。以前，我们常说“让子弹飞一会”，意思是让技术先发展，当其发展到一定程度时再进行治理和规制，这种模式为回应性治理。但从我们的调研反馈来看，规制框架不清晰其实也会限制企业的发展，如果没有明确的规制框架，企业可能会陷入一个想创新却不敢创新的境地。因此，我们需要使发展和规制间的关系更紧密，甚至相互依存。

徐立：薛澜教授的研究非常有意思。商汤科技也秉承着一种均衡的人工智能伦理治理观，即以人为本、技术可控、可持续发展。我们在不同状态下寻找不同治理框架下的动态平衡。

但是，技术的百分之百安全、可控、可解释实际上很难实现，求全责备对于大部分技术来说也很难实现。当我们回看人类发展历史时会发现，很多时候人们所认为的安全出现在技术经过普遍、审慎的应用及大量推广后。例如，飞机起飞、自行车平衡等到现在都是未能完全解开的力学难题，但经过千百万次的测试和使用，大家在心理上觉得是安全的。因此，当我们推崇一个治理框架时，在某种程度上，安全不一定意味着技术的完全可控。

薛澜：这是一个非常重要的问题。实际上，人类已进入了一个风险社会，很多技术背后都存在一些不可知的地方，可能有或大或小的风险。我们在日常生活中，其实都在做有意或无意的风险权衡。例如，我们可以选择乘坐飞机或高铁出行，如果天气不太好，航班被取消的概率很大，我们可能倾向于乘坐高铁；如果天气比较好，为了节省时间，我们可能倾向于乘坐飞机，这就是在做风险权衡。另外，在成本和收益方面，我们也会做权衡。因此，人类社会进步到今天，我们更要加强对风险的认知，以便更合理地做集体性选择。

徐立：集体性选择其实是用经验和数据判断的。虽然某项技术不一定是100%安全的，但大家广泛使用并对其风险有所了解后，会比较容易接受这项技术。

薛澜：很多技术在发展过程中的一个重要任务，就是如何让全社会更好地认识这项技术的特点，以及可能带来的各类风险。只有这样，社会和公众对这些新技术才不会感到陌生，我们就可以做出更好的、理性的选择。如果公众对技术不熟悉，其风险或能力都可能被夸大。基于此，在技术的发展过程中，让全社会更好地了解和认知技术，是科技行业的一项重要任务。

徐立：谢谢薛澜教授，希望我们能为人工智能的健康发展贡献力量。